AF368263

LEÇONS DE FLORE.

LEÇONS DE FLORE.

COURS

COMPLET DE BOTANIQUE

EXPLICATION DE TOUS LES SYSTÈMES, INTRODUCTION A L'ÉTUDE
DES PLANTES

PAR J. L. M. POIRET

CONTINUATEUR DU DICTIONAIRE DE BOTANIQUE DE L'ENCYCLOPÉDIE
MÉTHODIQUE.

SUIVI

D'UNE ICONOGRAPHIE VÉGÉTALE

en cinquante-six planches coloriées offrant près de mille objets

PAR P. J. F. TURPIN.

OUVRAGE ENTIÈREMENT NEUF.

TOME TROISIÈME.

PARIS

C. L. F. PANCKOUCKE ÉDITEUR
Rue des Poitevins, no. 14.

M. D. CCC. XX.

ESSAI

D'UNE ICONOGRAPHIE

ÉLÉMENTAIRE ET PHILOSOPHIQUE

DES VÉGÉTAUX,

AVEC UN TEXTE EXPLICATIF

PAR P. J. F. TURPIN.

L'univers est un. Soumises à un seul pouvoir, les parties qui le composent, soit au physique, soit au moral, quoique imperceptiblement liées entre elles, ne se ressemblent jamais parfaitement.

PARIS

C. L. F. PANCKOUCKE ÉDITEUR

Rue des Poitevins, n°. 14.

M. D. CCC. XX.

AVERTISSEMENT.

En commençant cette Iconographie végétale, mon intention était de ne point sortir des bornes imposées à un simple dessinateur : compiler, comme il est d'usage dans ces sortes de travaux ; m'entendre avec l'auteur, et suivre aveuglément ses idées, voilà ce que j'aurais dû faire. Il en a été autrement : entièrement livré à moi-même, j'ai commencé à travailler sans prétention ; après avoir conçu toutes les parties de mon travail, après avoir fait un choix d'exemples, tous pris dans la nature, et les avoir coordonnés selon certaines idées qui me sont propres, je m'aperçus qu'insensiblement j'avais formé un corps d'ouvrage qui devenait le mien ; que, de plus, cet ouvrage, dans sa composition, et surtout dans les rapprochemens comparés que présentaient les divers objets figurés, divulguait quelques observations que je me proposais de publier plus tard.

Je sentis dès lors qu'il devenait nécessaire que j'attachasse, moi-même, un texte explicatif aux tableaux de cette Iconographie végétale, dans lequel je pourrais, 1°. faire connaître un assez grand nombre d'observations ; 2°. exposer les raisons qui m'ont déterminé, d'une part, dans le choix des organes représentés, et, de l'autre, dans les rapprochemens comparés que j'ai faits de ces mêmes organes. Placé à la suite d'un ouvrage qui doit embrasser tout ce qui est relatif à la science des végétaux, et avec lequel je dois chercher à éviter, le plus possible, de me rencontrer, on ne devra point être surpris de ne trouver, dans le mien, que des choses éparses, et dont l'ordre ne peut être que celui établi pour mes tableaux. Ce ne sera donc que dans l'explication de ces mêmes tableaux, que je donnerai, à mesure que les objets se présenteront, d'abord la définition de chacun des organes qu'ils contiennent, et ensuite les observations qui me paraissent mériter quelque intérêt.

Forcé de me resserrer dans des limites très-étroites, j'ai détaché d'un discours préliminaire destiné pour cet ouvrage, quelques-unes des idées principales qu'il contient, et qu'ici je présente sous le titre de *Quelques pensées sur l'histoire naturelle, et spécialement sur la botanique.*

ESSAI

D'UNE ICONOGRAPHIE

ÉLÉMENTAIRE ET PHILOSOPHIQUE

DES VÉGÉTAUX.

Quelques pensées sur l'histoire naturelle, et spécialement sur la botanique.

1. Le physique naît avant le moral : le premier donne le second.

2. Plus l'homme sait et embrasse de choses, mieux il explique celles dont il s'occupe.

3. Si je croyais aux distinctions tranchées, je dirais que, dans le règne inorganique, tout finit par une molécule, et dans le règne organique par une cellule.

4. Au moral comme au physique, l'observation comparée et philosophique nous porte toujours à parcourir un cercle complet : arrivé à ce point, tout se confond. Cette grande vérité, peut-être au-dessus des forces humaines, nous fait reculer, et nous fait dire que presque toujours le mieux est l'ennemi du bien. C'est-ainsi qu'en botanique les organes qui composent l'être végétal le plus compliqué, considérés de cette manière, se réduisent à n'être plus qu'une grande feuille universelle.

5. Les sciences philosophiques ne peuvent être étudiées que dans la nature : les livres qui en traitent, utiles jusqu'à un certain point, en imposent tous plus ou moins ; et pour-

16ᵉ. *Livraison.*

tant combien s'en tiennent à ce dernier moyen, et font leur science comme autrefois on étudiait le blason !

6. On a dit qu'en croyance religieuse il y avait autant de nuances que d'individus : il en est de même dans les sciences ; chacun en prend selon sa portée, et reste muré dans les bornes du cercle que la nature lui a tracé.

7. Dans l'étude des sciences physiques et morales, il faut toujours marcher de l'analyse à la synthèse, et de la synthèse à l'analyse : cela seul peut donner des résultats satisfaisans. Un grand tableau ne peut être compris dans ses détails et son ensemble, qu'autant que l'on se place à des distances différentes : il en est de même de celui de la nature.

8. Trop généraliser, c'est se placer tellement au-dessus des objets, que la distance ne permet plus de rien distinguer : alors plus de bornes aux écarts de l'imagination. Trop distinguer, c'est se tenir si près des objets, que l'œil peut à peine saisir l'une de leurs parties : c'est l'insecte pour lequel toutes les fleurs de l'arbre qu'il parcourt, paraissent autant d'êtres distincts, et qui, en raison de la petitesse de sa vue, n'aperçoit jamais le tronc commun duquel ces fleurs émanent.

9. L'organe de première formation dans l'homme est le tube intestinal ; une petite portion isolée de ce tube représente, dans son entier, l'être végétal ou l'animal le plus simple. C'est autour de ce tube, qui, seul dans les animaux, constitue certains polypes, et, dans les végétaux, l'*ulva intestinalis*, que la nature surajoute et développe successivement les organes qui distinguent l'homme du polype, et le végétal le plus compliqué, de l'*ulva* que nous venons de citer.

10. La science qui a pour but l'étude des êtres végétaux n'aura de base solide que lorsque nous aurons acquis les deux connaissances suivantes : celle comparée des êtres entre eux et de leurs organes en particulier, et celle de la situation relative de ces mêmes organes. Hors de là, c'est édifier sur un sable mouvant.

11. Les sciences naturelles présentent deux parties distinctes, la partie naturelle ou philosophique, et la partie artificielle ou de classification. La première, immuable comme la nature elle-même, ne peut s'acquérir que par la comparaison ; l'autre, entièrement arbitraire, a été, est et sera toujours une affaire de goût ; c'est-à-dire que chacun,

en raison de son cercle, divisera plus ou moins le tableau gradué de la nature : c'est ce que l'on pourrait peut-être appeler jouer aux chapelles, si des divisions fixes et convenues n'étaient pas une chose nécessaire.

12. Toute division qui ne trouble pas l'ordre gradué établi par la nature est aussi bonne qu'elle puisse l'être : celles de *vertébrés* et d'*invertébrés* dans les animaux, d'*axifères* [1] et d'*appendiculaires* [2] dans les végétaux, sont dans ce cas.

13. Que sur une surface on pose, à l'une de ses extrémités, du noir ; qu'à l'autre on y mette du blanc ; que, par par le moyen des gris, on lie ces deux couleurs opposées, on aura une assez juste idée de l'enchaînement naturel des êtres physiques et moraux dont se compose la nature ; que sur cette surface on applique un réseau dont la grandeur des mailles soit arbitraire ; que dans chacune de ces mailles on mette un numéro ou un nom, on aura l'idée des moyens artificiels dont nous sommes obligés de nous servir lorsque nous voulons, avec nos faibles moyens, décrire et signaler l'immense tableau que nous ne pouvons saisir que par parties.

Ces deux comparaisons seraient justes, si la première, au lieu d'une simple surface, présentait plutôt les embranchemens et les nombreuses ramifications d'un grand arbre.

Si maintenant on suppose que cette surface nuancée ait ensuite été brisée, que ses nombreux morceaux aient été répandus pêle-mêle sur la surface du globe, ces morceaux représenteront les individus dans l'état où nous les rencontrons ; et, en supposant encore qu'un certain nombre de ces pièces se soient perdues, ces pièces donneront l'idée des

---

[1] Végétaux de première formation, dont l'organisation ne se compose encore que d'une tige ou d'un axe diversement modifié, et dans l'intérieur de laquelle on ne trouve guère que du tissu cellulaire : tels sont les champignons et les algues de terre et de mer. Le nombre de ces végétaux, lorsqu'ils seront plus connus, dépassera de beaucoup celui des plantes à organes appendiculaires.

[2] Végétaux de deuxième formation, produisant de leur tige des organes appendiculaires et rayonnans, tels que les feuilles cotylédonaires, les écailles, les feuilles, les folioles qui composent les involucres, les calices et les corolles, les étamines et les phycostèmes, les feuilles ovariennes, enfin celles soudées et indéhiscentes de l'ovule, et dans lesquels la masse organique se compose de la réunion des tissus cellulaire et vasculaire. Ce groupe comprend les mousses, les fougères, les monocotylédons et les dicotylédons.

espèces qui ont disparu, et qui laissent des lacunes qui ne pourront jamais se remplir.

Se mettre à la recherche de ces morceaux épars, essayer de rapprocher leur nuance d'une autre déjà placée, la fixer enfin à sa vraie place, c'est travailler à la perfection et au complément de cette grande surface dont nous avons parlé; c'est, en un mot, s'occuper de cette méthode naturelle qui a pour but l'étude des affinités, méthode entrevue, on peut dire, depuis que l'on s'occupe de la connaissance des êtres, et vers laquelle Linné et beaucoup d'autres grands naturalistes ont tourné sans cesse leurs profondes méditations; mais il était réservé à Adanson et aux Jussieu d'en jeter les bases immuables pour les végétaux, et de faire ce que l'on peut à juste titre nommer la BOTANIQUE FRANÇAISE.

14. Quel que soit le caractère dont on se sert pour la distinction des groupes, ce caractère diminuant progressivement de valeur à mesure que l'on s'éloigne du point de centre ou plutôt de l'individu qui l'a fourni, n'est jamais que le mieux possible.

Ce que je viens de dire est absolument comparable avec les différences de climats établies à Paris pour la France, et à Rome pour l'Italie, différences qui, comme chacun le sait, disparaissent insensiblement en s'éloignant des deux capitales, au point qu'arrivé sur la limite artificielle qui sépare les deux états, toute distinction a cessé.

15. Dans l'enchaînement naturel et gradué des êtres, l'unité de composition organique, ou plutôt un plan général et unique, est le vœu de la nature; mais partir de là pour établir que là où un organe n'existe pas encore, il y est déjà, c'est, je pense, n'avoir pas encore compris ce grand principe : TOUT SE TIENT PAR DES NUANCES IMPERCEPTIBLES, ET RIEN NE SE RESSEMBLE PARFAITEMENT.

Lorsqu'en descendant la chaîne nous suivons pas à pas et comparativement le même organe, nous voyons que sa *situation relative* est immuable; qu'au contraire ses formes varient à l'infini; qu'il décroît peu à peu dans ses dimensions; que ses fonctions changent ou deviennent nulles, et qu'enfin nous arrivons sur un point où cet organe a entièrement cessé d'être, mais où notre imagination, qui en est remplie, croit encore l'apercevoir lorsqu'il ne reste plus que la place qu'il occupait, et qui bientôt va être envahie par les organes voisins.

16. Le système de balancement dans le développement des organes des êtres vivans, établi par M. Geoffroy de Saint-Hilaire, est une idée mère, qui me paraît avoir de grands rapports avec celle du système des compensations de M. Azaïs. L'une et l'autre sont applicables au physique et au moral.

17. La subordination que présentent, entre eux, les nombreux rameaux d'un grand arbre, est l'image exacte de l'enchaînement naturel des êtres de la nature.

Dans cet enchaînement rameux, les individus qui occupent et forment les points de bifurcation ont été, sont et seront encore long-temps des sujets de discussions entre les naturalistes. Ces êtres, placés aux bifurcations, plus nombreuses qu'on ne le pense, doivent être considérés comme des êtres mixtes, qui, tout en appartenant déjà aux deux branches qui en émanent, n'en possèdent encore que très-faiblement les caractères.

18. Si, d'un côté, l'étude des êtres, comparés entre eux, ou simplement de leurs organes en particulier, nous découvre cet enchaînement gradué si séduisant pour le penseur, de l'autre, nous perdons, dans la même proportion, ces distinctions provisoires, très-commodes, mais qui ne peuvent se soutenir que dans l'observation isolée. Encore ici, comme partout ailleurs, le système de balancement s'établit.

19. Que certains hommes se rassurent sur les prétendus dangers qu'ils croient apercevoir dans l'étude comparée des êtres : cette idée n'est point nouvelle ; elle date du jour où l'homme s'avisa, pour la première fois, de chercher à connaître les objets placés autour de lui. Il y a eu des philosophes dans tous les temps, et les erreurs et les charlatans n'en ont pas moins pour cela conservé leur empire.

Il est un genre de connaissance qui ne peut germer que dans certains cerveaux.

20. Le jour où les naturalistes conviendront franchement que parmi les êtres vivans il n'y a de distinct que l'*individualité*, et que toutes les divisions en espèces, en genres, en familles, cohortes, etc., sont leur propre ouvrage, et conséquemment des choses purement arbitraires, la science aura fait un grand pas.

21. Des gouttes d'eau répandues çà et là sur une surface, d'abord distinctes entre elles, se confondent en une seule et même nappe, dès que l'on continue d'y en ajouter de nouvelles : l'étude par comparaison et par rapprochement analogique des êtres, l'acquisition des nombreux individus qui manquent encore à nos collections naissantes, et qui chaque jour viennent combler quelques-unes de ces nombreuses lacunes si favorables à nos distinctions, amènera pareille chose. Encore quelques acides de plus en chimie, et nous n'en aurons plus qu'un.

22. Fixer dans le grand ensemble des êtres des points de repos et de reconnaissance, tels que les espèces, genres, familles, c'est faire une chose tout aussi arbitraire que la division du cercle, mais tout aussi utile.

23. Plus avancés dans l'étude philosophique des êtres, nous concevrons difficilement la possibilité d'être *zoologiste* sans la connaissance intime de l'homme, et *botaniste* sans celle complette de l'un des végétaux les plus compliqués : nous ne nous étonnerons pas moins en apprenant que des naturalistes distingués dans les deux genres, armés d'un petit nombre de caractères isolés et convenus, ont passé, de cette sorte, leur vie à sauter d'un genre sur un autre. Ces naturalistes m'ont toujours paru ressembler à un anatomiste qui ne s'attacherait qu'à la connaissance extérieure des mains et des pieds, en négligeant tout le reste du corps.

24. Les *pseudo* et les nombreuses terminaisons en *ioïdes*, qui se multiplient et qui semblent, comme malgré nous, échapper de notre plume à mesure que nous étudions plus comparativement, trahissent nos prétendues coupes naturelles, et attestent que les êtres liés entre eux par un grand nombre de rapports ne peuvent être assujétis qu'à des divisions arbitraires.

25. Une certaine faculté intuitive, qui ne se communique point, mais qui s'acquiert, jusqu'à un certain point, par la grande habitude de voir, sert plus dans les rapprochemens analogiques des êtres, que les caractères dont on essaye de se servir, et sur lesquels, obéissant à l'impérieuse faculté dont il vient d'être question, nous sommes souvent obligés de sauter.

Les *nymphæa alba* et *lutea* pour l'insertion des étamines, les *bassia* et *achras* pour l'endosperme, en sont des exemples.

Il a fallu cette faculté intuitive dont nous venons de parler, pour placer les *cassyta* à côté des *lauriers*, les *cuscutes* dans les *convolvulacées*, l'*hippuris* parmi les *onagres*, les *dorstènes* avec les *figuiers* et les *mûriers*, le singulier genre *gyrostemon* [1] dans les *euphorbes* et à côté du genre *hura*.

26. Si quelque botaniste me consulte pour savoir si d'un individu qu'il possède il fera un genre nouveau ou une espèce nouvelle, ma réponse est toujours : Pourquoi pas? Dès que la nuance qu'il me présente n'a pas encore été signalée, je n'y vois aucun inconvénient, et je pense que hacher un peu plus ou un peu moins le tableau gradué de la nature, est entièrement une affaire de goût.

Si ce même botaniste me consulte encore sur le projet qu'il a de déplacer les *passiflorées* d'auprès des *cucurbitacées*, et de les transporter à côté des *capparidées*, je m'y oppose de tous mes moyens, parce qu'il me paraît évident qu'il trouble l'ordre immuable établi par la nature, et cette faute, à mes yeux, est aussi grande que celle qu'un géographe ferait, si, sur une carte, il plaçait le département de l'Isère près de celui du Finistère.

Si un autre, s'occupant des analogies des organes, me communique qu'il a observé que l'appareil trophospermique ou placentaire des *cucurbitacées* est central, et que de plus il est suspendu au sommet de la cavité ovarienne, je m'y oppose bien davantage encore, parce que cela n'est point, parce que cela est contraire à toute espèce d'analogie.

Enfin, si un autre encore s'entête à vouloir considérer l'involucre composé et hérissé qui enveloppe les péricarpes lisses et crustacés de la châtaigne comme étant le péricarpe lui-même, sans vouloir entendre que le péricarpe doit toujours être terminé par les traces du style ou du stigmate, et cela sous le prétexte de rendre la science plus *simple* et plus *aimable*, je lui réponds qu'avant tout il faut donner à cette science des bases solides et fondées sur l'étude comparée des analogies.

27. L'organisation générale d'un être vivant et celle de ses organes en particulier ne peuvent s'expliquer qu'autant que l'on suit pas à pas le développement successif de cet être,

---

[1] Ce végétal, originaire de la Nouvelle-Hollande, a été publié avec figures par M. le professeur Desfontaines dans les *Mem. du Mus. d'hist. nat.*, tom. v.

depuis le premier moment de sa formation apparente jusqu'à celui de sa mort.

28. En déroulant ou en détachant, de l'extérieur à l'intérieur, quelques-unes des parties constituantes d'un être compliqué, on obtient successivement dans ce qui reste, sauf les formes et les fonctions, l'analogie d'un être plus simple.

29. Dans mon article 9, j'ai fait sentir combien la connaissance de la situation relative ou de la connexion des organes était importante : ce ne sera, en effet, que par cette connaissance, aussi fondamentale qu'elle est bornée dans ses principes, que nous arriverons à de grandes lois organiques ; lois qui, pour lors, deviendront d'abord des guides certains dans l'étude des fonctions de chaque organe, ensuite dans celle de ses formes innombrables, qui souvent, par leur développement plus ou moins bizarre, nous en imposent, et nous cachent les véritables analogies des organes.

Que m'importe, en effet, que le nez de l'animal se modifie sous mille formes différentes : on n'a point besoin de me le faire observer ; je le verrai tout aussi bien qu'un autre ; mais ce qu'il est important de m'apprendre, c'est, 1°. sa situation relative ; 2°. ses fonctions. Quand une fois je saurai que cet organe, placé au milieu de la face, est situé entre et au-dessous des yeux, et au-dessus de la bouche ; que son caractère organique et essentiel est d'être biperforé ; qu'il est le siége de l'odorat, et sert comme de supplément à la respiration, avec cette connaissance je marcherai seul, et je trouverai facilement l'organe, dont il est ici question, dans les oiseaux et dans les reptiles ; je le verrai dans la trompe longue et prenante de l'éléphant. Les formes ne pourront plus m'en imposer, parce que je serai prévenu que les organes, seulement considérés sous ce point de vue, sont de vrais *protées*, qui changent sans cesse en passant d'un individu à un autre.

Si, aidé de la mémoire comparative, on rapproche des organes analogues, mais seulement développés sous des formes opposées, tels, par exemple, que les feuilles rudimentaires des *ruscus* et des *cuscutes*, et celles surcomposées et à folioles articulées des *mimoses ;* le stipe ou tronc extrêmement élevé d'un palmier, et celui que l'on nomme plateau dans l'oignon ; le nez simplement perforé des oiseaux, et celui très-allongé de l'éléphant, on sentira combien la forme des organes est variable, et combien, au contraire, tout ce qui tient à leur situation relative est constant ; on sentira en même temps que tous les organes analogues, dérivant d'un type commun, il suffit, si je puis m'exprimer ainsi, de tirailler ce type plutôt dans un sens que dans un autre, pour en obtenir toutes les modifications possibles, et sans que pour cela ce type cesse d'être un instant le même. Une anecdote, parvenue à ma connaissance il y a quelques années, peut fournir une comparaison avec le changement de forme que subissent les divers organes. « Le portrait d'un homme marquant dans les sciences naturelles, fut dessiné sur une peau de mouton préparée au blanc : l'artiste, chargé d'en exécuter la gravure, ne pouvant venir à bout de lever son calque sur une peau qui godait de toute part, imagina de la tendre sur une planchette ; mais le hasard ayant voulu que cette peau fût tirée plus fortement en long qu'en large, il s'ensuivit que, sans rien déranger dans la ressemblance, sa tête devint d'une longueur extraordinaire. »

Il est aisé de sentir que, par l'allongement progressif de la peau, cette tête, tiraillée inégalement, pouvait faire toutes les grimaces imaginables, mais qu'elle ne pouvait jamais cesser de ressembler à l'original : tel est le type des organes à l'égard de ses modifications.

3o. Je pense, avec M. Decandolle, que, dans l'étude des végétaux, il faut être constamment en garde contre les soudures [1] et les avortemens [2].

---

[1] Par soudure, on entend, le plus souvent, des organes appendiculaires du tube vivant, greffés tantôt par leurs bords, et formant gaîne, comme la feuille cotylédonaire du plus grand nombre des végétaux monocotylédons, et dans le pétiole des cypérées, de quelques palmiers, du bananier et de beaucoup d'autres ; ou tantôt entre plusieurs de ces organes, tel que cela se voit dans certains involucres, dans les calices monophylles, dans les corolles monopétales, dans les étamines monadelphes, dans les phycostèmes sacciformes, dans les deux bractéoles latérales de la valve intérieure de la prétendue corolle de la fleur des graminées, et enfin dans celles latérales et également soudées des écailles de certains bourgeons.

Tous les organes que nous venons de citer n'étant que des appendices qui s'échappent avec plus ou moins de vigueur du tube vivant, dont ils dépendent entièrement, doivent naturellement conserver souvent la forme tubulaire, forme qui, en effet, ne se divise qu'en raison du plus ou du moins de force du végétal ou des parties de ce végétal sur lesquelles ils se développent. Aussi cette forme tubulaire a-t-elle toujours lieu de préférence dans la plupart des organes dont nous avons parlé plus haut, qui, comme l'on sait, occupent les deux extremités de la végétation, dont l'une est faible, et l'autre dans une sorte d'épuisement. Nous pen-

31. La vie du végétal n'a d'action que dans le tube cortical et ses appendices ; lui seul tend à se réparer lorsqu'on le désorganise [3]. C'est seulement dans l'épaisseur de ce tube vivant et de ses appendices que circulent les fluides nécessaires à leur entretien. La sève n'a point une véritable circulation ; elle monte et descend en raison des besoins et des emprunts que s'en font réciproquement les systèmes terrestre et aérien ; mais elle ne parcourt point des chemins différens, et son passage a toujours lieu, soit qu'elle monte ou qu'elle descende, par la seule partie vivante des grands végétaux, le tube et ses appendices.

32. La moelle, sur laquelle on a tant écrit, et sur laquelle on a imaginé tant de rêves et établi tant de comparaisons dépourvues de bon sens, n'est qu'une petite portion du tissu cellulaire, dont se composent, en entier, une multitude d'êtres vivans ; tissu qui, à lui seul, forme l'axe du bourgeon et toute la masse de l'embryon, et qui enfin, dans les végétaux appendiculaires, où il s'établit par addition un second

sons que le mot de *désoudure* serait plus convenable et plus conforme au développement naturel de ces organes.

[2] L'avortement des êtres vivans ou seulement de quelques-uns de leurs organes doit être distingué en *avortement invisible ou intérieur*, en *avortement visible ou extérieur*, en *avortement constant*, et en *avortement accidentel*.

On ne peut nier qu'un être ou un organe, avant de s'élancer dans l'atmosphère, n'ait déjà acquis un certain développement ; mais nous ne pouvons jamais préciser l'instant où il a reçu le commencement de son existence, ni celui auquel il peut avorter dans ce premier état de réclusion : ce sont ces avortemens, que l'analogie seule peut faire connaître, que je nomme invisibles ou intérieurs, et parmi lesquels je range l'avortement constant des deux fruits les plus intérieurs, c'est-à-dire les plus rapprochés de la tige, dans les graminées, où, comme l'on sait, le plus extérieur, seulement, se développe : celui que présente le fruit irrégulier des légumineuses, dans lequel une partie *intérieure* et semblable à celle extérieure qui se développe, manque presque constamment (*Org vég., syst. axif.*, fig. 33).

Par avortement visible, j'entends ceux qu'éprouvent les êtres ou les organes qui ont déjà reçu un commencement de développement extérieur, et qui, en cessant de croître, se dessèchent près du lieu qui les a vus naître : parmi ceux-là, on peut citer les onze ovules dans le péricarpe du châtaignier, les deux ovaires dans le dattier, les deux ovules dans le cocos, et ceux au nombre de trois dans l'olivier (Tabl. xxviii, fig. 3 et 5).

Les avortemens, soit visibles, soit invisibles, lorsqu'ils sont constans, tiennent à un vice tissulaire et héréditaire ; ceux qui ne sont qu'accidentels, dépendent ou d'un vice tissulaire, individuel, ou d'une cause étrangère.

[3] Cette partie vivante du végétal est la seule par laquelle puissent s'opérer toutes les sortes de greffes.

tissu, reste toujours la base primitive de l'organisation tissulaire. Le tissu ligneux ou vasculaire, en établissant son premier tube réticulaire autour des axes purement cellulaires des bourgeons et des embryons, à mesure que ces deux sortes d'êtres se développent, a fait croire, à quelques auteurs, que cette première portion était distincte de tout le reste de la masse cellulaire, qui forme la base primitive de toutes les parties constituantes du végétal. Entraînés par cette distinction inutile, ces auteurs ont imaginé un nom particulier et impropre, et, ce qui est bien pire, ils ont attribué, à ce qu'ils nomment la moelle, des fonctions vitales, qu'elle n'exerce que dans le très-jeune âge des embryons-fixes, ou dans les premières évolutions des embryons-graines.

Les végétaux croissent par intus-susception, et les appendiculaires ou composés, indépendamment de ce premier mode, croissent encore, quant à leur diamètre, au moyen des couches concentriques et surajoutées de l'intérieur à l'extérieur. Il s'ensuit que toujours la vie abandonne successivement le centre, qu'elle se réfugie et se concentre dans le tube extérieur ; et c'est toujours par les parties créées les premières, c'est-à-dire par celles du centre, que l'être végétal tend à se désorganiser : c'est ce que prouvent le plus grand nombre des graminées, des ombellifères, et beaucoup d'autres végétaux fistuleux, dans l'intérieur desquels est détruite cette portion centrale de tissu cellulaire, qui n'a eu d'existence qu'autant que ses fonctions vitales ont duré. En général, tous les végétaux, sans en excepter un seul, lorsqu'ils meurent de vieillesse, sont réduits au tube extérieur, qui est, avec ses appendices, comme nous l'avons dit en commençant le trente-unième article, la seule partie vivante du végétal.

Ici se présente une observation qui ne laisse pas que d'avoir quelque intérêt : Ayant assisté quelquefois, lorsque j'étais à Saint-Domingue, à des défrichemens, j'ai eu souvent occasion de remarquer, sur de très-vieux arbres arrachés, qu'indépendamment de cette désorganisation de l'intérieur à l'extérieur, qui en avait fait des tubes plus ou moins rameux, la vie se réfugiait ou se concentrait encore vers ce point que j'ai nommé la *ligne médiane horizontale* des végétaux ; que cette sorte de retraite amenait insensiblement, dans les systèmes terrestre et aérien, un couronnement inférieur et supérieur, et que c'était toujours par les rameaux des deux systèmes les plus rapprochés de la *ligne médiane*, que l'aggrégation entière finissait.

Que l'auteur des *Harmonies de la nature*, dans les écarts de sa brillante imagination, expliquant, par les causes finales, jusqu'aux moindres choses de la nature, ait été entraîné dans des comparaisons presque toujours sans fondement, il ne sera point dangereux, parce que l'on sait d'avance ce que l'on va chercher dans les aimables lectures que nous procurent les ouvrages de ce célèbre auteur ; mais que, dans un livre élémentaire destiné à produire sur les jeunes gens ces premières impressions, toujours les plus durables, et conséquemment celles dont on se débarrasse le plus difficilement lorsque malheureusement elles sont fausses, on lise le passage suivant, pris au hasard parmi beaucoup d'autres semblables : « Le faisceau médullaire, comme le plus essentiel de tous, a été logé le plus profondément : son enveloppe, qui se compose de toutes les couches ligneuses et corticales, est, pour lui, une égide contre le choc des corps externes. » Voilà, ce me semble, ce qui doit être considéré comme un mal réel, ou comme un poison funeste, que l'on ne peut trop tôt arracher de la main de ceux qui étudient.

33. Des articles plus ou moins nombreux (*mérithalles*, du Petit-Thouars), produits par l'écartement des *nœuds-vitaux* ou conceptacles des embryons-fixes, sur les axes, offrent le caractère organique le plus important de la végétation, et celui en même temps qui a été le plus négligé : ce caractère, qui n'appartient qu'aux seuls végétaux *appendiculaires*, les distingue nettement des végétaux *axifères*, qui, à proprement parler, ne se composent que d'un seul *mérithalle* diversement modifié. Deux *mérithalles* et deux *nœuds-vitaux* forment, en entier, l'*ophioglossum vulgare :* le premier de ces *nœuds-vitaux*, très-rapproché de la ligne médiane, est appendiculé par la feuille cotylédonaire, et le second par la seule feuille qui se développe.

34. Le végétal le plus compliqué se réduit, dans son organisation générale, à deux choses ; savoir, la partie *axifère* et la partie *appendiculaire* (voyez Tabl., *Org. vég.*). La première, bien plus importante que la seconde, forme la charpente plus ou moins rameuse, ou la partie de continuité des végétaux composés : quelques-uns de ces rameaux se termi-

nant assez brusquement par l'effet d'une sorte d'épuisement nécessaire, présentent le plus souvent, à leur sommet, des papilles stigmatiques, et, en se gonflant, deviennent des péricarpes plus ou moins succulens, dans l'intérieur desquels naissent et se développent ces corps reproducteurs tuniqués, que l'on a nommés des graines. La partie axifère étant de première formation, constitue, à elle seule, l'organisation entière des nombreux végétaux d'ordre inférieur, tels que les champignons, les algues de terre et de mer (voyez Tabl., *Règ. org., divis. des axifères*).

La seconde, ou la partie appendiculaire, qui n'est au fond qu'une dépendance de la partie axifère, comprend les nombreux appendices dont se revêtent les végétaux composés, appendices presque toujours laminés, émanant latéralement de l'axe, rayonnant autour de lui, et alternant sans cesse dans le sens longitudinal. Ces appendices, parfaitement *identiques*, ont été distingués, pour le plus grand nombre, d'après de simples modifications de formes, quelques-uns d'après certains organes surajoutés et certaines fonctions particulières, comme, par exemple, cela se voit dans l'anthère qui se développe au sommet de ceux que l'on nomme étamines, et qui, pour cela, ne change pas plus l'identité de ces parties avec les autres organes appendiculaires, que l'ovaire et le péricarpe ne changent celle qu'ils ont avec les axes, dont, en effet, ils ne sont que la continuité. Ainsi, on a vu des cotylédons dans les premières feuilles du végétal, des écailles dans celles rudimentaires qui accompagnent la base des bourgeons, des feuilles proprement dites dans celles plus développées de la partie intermédiaire des axes, des bractées lorsque ces mêmes feuilles redeviennent rudimentaires par épuisement, et enfin des calices, des corolles, des étamines et des phycostèmes dans celles qui terminent et protègent l'enfance de l'axe fructifère, et dont quelques-unes servent, peut-être, à féconder les corps reproducteurs contenus dans l'intérieur de cet axe.

L'expression d'épuisement dont on se sert quand on parle des axes pistillaires et des organes appendiculaires qui les accompagnent (fleur), ne peut être bonne que relativement à cet état de développement surabondant, qui n'est point l'état le plus parfait du végétal. C'est, en effet, entre l'épuisement et la surabondance, que s'établit cet état intermédiaire, destiné à remplir le vœu que se propose la nature, la reproduction!

Pour peu que l'on arrête un instant sa pensée sur la nécessité d'un état intermédiaire dans la végétation pour y obtenir cette perfection organique destinée à l'accomplissement du but le plus important, on est entraîné vers cette grande vérité universelle : *Qu'aux extrémités n'est jamais le mieux*, et que la sagesse qui évite ces extrémités avec soin, accompagne rarement le génie, jamais l'idiotisme.

Une végétation trop ardente ne produit que des scions allongés, c'est-à-dire qu'elle se borne à la continuité et à la répétition (par bourgeon) des axes et des organes appendiculaires verts et développés.

Une végétation épuisée périclite et amène la mort du végétal.

35. L'accroissement en diamètre des végétaux composés ou *appendiculaires* est en rapport avec le nombre et la force de leurs rameaux (du Petit-Thouars).

Les monocotylédons, généralement réduits à un seul axe, augmentent peu en grosseur; les polycotylédons, qui se distinguent de ceux-ci par la grande quantité de leurs rameaux, croissent en ce sens quelquefois d'une manière prodigieuse.

36. Les embryons-fixes ou bourgeons qui, par leur accroissement inférieur, augmentent le diamètre des végétaux qui en sont pourvus, sont des enfans paresseux, ou, si l'on veut, des enfans fidèles qui n'abandonnent jamais leur mère; les embryons-graines diffèrent de leurs frères en ce qu'ils s'en détachent promptement, et qu'ils vont au loin établir une nouvelle aggrégation d'êtres.

37. L'extrême divisibilité des parties terminales des végétaux diminue de l'intérieur à l'extérieur : ainsi, il y a plus d'embryons que de graines, plus de graines que de loges, plus de loges que de péricarpes, plus de péricarpes que de fleurs, et enfin plus de fleurs que d'axes principaux.

38. Si tous les végétaux se composent des mêmes organes, et si ces mêmes organes ne font seulement que disparaître ou se modifier en passant d'un individu à un autre, sans jamais varier dans leur situation relative, pourquoi, ceux du plus compliqué étant une fois nommés, créer tant de dénominations inutiles pour exprimer la même chose?

39. Quand on parcourt les herbiers, on n'y trouve guère

que des échantillons en fleurs; il semble que l'on ait considéré l'état le plus développé du végétal (le fruit) comme une plante passée et indigne d'aucune espèce d'attention. Le système sexuel, dans lequel un grand nombre de botanistes ont cru voir toute la philosophie du grand Linné, a été peut-être la cause de ce préjugé.

40. On peut ne pas connaître le nom d'une seule plante et être un très-profond botaniste. La Bruyère connaissait l'homme moral, et Bichat l'homme physique : ils auraient pu très-bien ne pas connaître un seul homme par son nom.

On peut connaître vingt mille plantes par leurs noms sans être botaniste; un courtier de commerce peut ne pas savoir ce que c'est qu'un homme et en nommer trente mille.

41. Par la plume et le pinceau on signale les êtres de deux manières différentes : toute espèce d'ornemens dans le style et de pittoresque dans le dessin doivent également être évités dans les ouvrages scientifiques.

42. La plume et le pinceau sont les deux principaux moyens dont nous puissions nous servir pour le signalement des êtres : le naturaliste, qui ne possède que le premier, perd peut-être le plus significatif.

43. La vie du naturaliste doit se diviser en quatre périodes : observer, apprendre et se mettre à la hauteur de son sujet dans la première; publier des faits isolés dans la seconde; faire connaître des analogies dans la troisième; et enfin, s'il en est capable, produire des élémens dans la quatrième. L'inverse a presque toujours lieu.

44. Si, comme je l'ai avancé dans mon article 31, la sève monte et descend par le même chemin, je veux dire par les cellules poreuses du tube cortical seulement, et que sa marche, plus ou moins rapide, soit entièrement subordonnée aux besoins qu'en éprouvent tour à tour les systèmes terrestre et aérien, ne pourrait-on pas, d'après ce principe, admettre que les embryons-fixes des racines [1], en s'allongeant en sens contraire de ceux du système aérien, laissent échap-

---

[1] Les embryons-fixes ou bourgeons du système terrestre sont, à raison du défaut de lumière, réduits à l'axe et à un état d'étiolement : on leur a donné les noms de spongioles et de chevelu; mais on a eu tort de les assimiler aux feuilles aériennes, avec lesquelles ils n'offrent de rapport que dans les fonctions, aucunement dans ce qui est relatif à l'organisation et à la situation relative. Tout le système terrestre réduit aux axes ne développe jamais d'organes appendiculaires.

per également de leur base des productions radicales et filamenteuses, qui se glissent entre l'écorce et le bois, et s'élèvent vers la ligne médiane, où peut-être elles se rencontrent
et se croisent avec celles des bourgeons aériens qui y descendent, et que le développement de ces embryons-fixes produit
l'accroissement en diamètre des rameaux terrestres?

QUESTIONS :

1. Les végétaux ont-ils des sexes?

2. Est-il nécessaire que le rameau-embryon soit fécondé
pour qu'il se développe?

3. Les anthères ne seraient-elles pas des péricarpes rudimentaires, et les utricules polliniques des ovules stériles?

4. Le fluide fécondant, contenu dans les utricules polliniques, est-il autre chose que celui que renferme le sac ovulaire avant le développement de l'embryon?

EXPLICATION DES TABLEAUX.

PREMIÈRE PARTIE

RÈGNE ORGANIQUE.

Ce tableau présente la réduction géométrique d'un autre, auquel je travaille depuis long-temps, et dans lequel un grand nombre d'êtres, pris sur tous les points de la chaîne et figurés d'après nature, représenteront, par leur disposition graduée, les deux grandes branches végétale et animale avec les rameaux qui en émanent, et qu'ici je me suis contenté d'indiquer par deux simples séries composées de figures idéales.

On voit que d'une base commune s'élèvent, par bifurcation, deux branches, dont l'une, en se *végétalisant*, se termine par une *renoncule*, et l'autre, en s'*animalisant*, par un HOMME. Cette base ou souche commune, d'où naissent les deux embranchemens des végétaux et des animaux, se compose de cette multitude d'êtres mixtes qui paraissent prendre immédiatement naissance de la matière tenue en dissolution dans les eaux ; de ces êtres qui, par leur extrême petitesse, leur simplicité, et plus encore leur grande transparence qui confond souvent leurs contours avec le liquide dans lequel ils vivent, échappent, pour la plupart, à nos sens ; ce qui ne nous permettra jamais de pouvoir saisir le véritable point de départ où la matière commence à s'organiser.

On peut pourtant, en s'aidant de l'analogie, soupçonner que l'être vivant le plus simple se compose tout entier d'une seule cellule poreuse, dans laquelle circulent des fluides ; que cet être *uni-cellulaire*, et dont la cellule qui le compose pourrait être appelée *cellule intégrante*, peut être représenté par celle que l'on détacherait, par exemple, de la masse organique d'un être plus compliqué ; seulement la première serait sphéroïde, tandis que la seconde annoncerait, par sa forme polyédrique, qu'elle a fait partie d'une aggrégation.

Ainsi, en suivant rapidement la nature dans les formes graduées qu'elle donne aux êtres vivans, en les compliquant du simple au composé, on pourrait poser les caractères suivans, pour les plantes :

1°. Une seule cellule poreuse, sphéroïde ou allongée en un tube filiforme : *conferves simples.*

2°. Plusieurs cellules placées bout à bout, filiformes, simples ou rameuses : *conferves cloisonnées, monilia,* etc.

3°. Plusieurs séries de cellules placées à côté les unes des autres, et formant une lame simple ou multifide : *ulva lactuca* et *ulva dichotoma* (*dictyota dichotoma,* Lam^v.) [1].

4°. Une masse homogène de tissu cellulaire, ou aggrégation de cellules, dans tous les sens, pouvant se modeler sur un certain nombre de formes : les *sclerotium,* et, en général, la masse organique de tous les végétaux.

Ces quatre premières formes peuvent être également établies à la base de la branche des animaux.

5°. Masse homogène de tissu cellulaire, prenant la forme tubulaire ; tube entier dans les végétaux, percé à ses deux extrémités dans les animaux.

Les bornes de ce travail ne me permettant pas de suivre plus loin l'organisation et la complication graduée des êtres, j'observerai seulement que le tube dont nous venons de parler, étant une fois formé, persiste constamment jusque dans les êtres végétaux et animaux les plus compliqués ; que toujours il reste l'organe de première formation ; que sa situation relative est d'être au centre de l'organisation générale de chaque individu ; et qu'enfin c'est à son extérieur que viennent successivement s'établir les autres parties qui servent à distinguer les êtres simples des êtres plus composés.

C'est ainsi que, dans les végétaux, on voit, de ce tube simple ou rameux, se développer, dans son épaisseur et sur des points déterminés, des sortes de conceptacles destinés à servir de berceau aux embryons-fixes ou bourgeons, organes auxquels j'ai donné le nom de *nœud-vital,* et sur le bord extérieur de ces nœuds-vitaux d'autres organes appendiculaires, tels que les feuilles cotylédonaires, les écailles des bourgeons, les feuilles plus développées que celles que nous venons de citer, les bractées, les calices, les corolles, les étamines et les phycostèmes. Malgré que le péricarpe et les

---

[1] Il est important d'observer que, dès l'instant où un végétal se compose de plus d'une série, les cellules alternent constamment entre elles.

tuniques de la graine soient encore le produit d'un ou de plusieurs organes appendiculaires foliacés, j'ai cru, pour la facilité de l'étude, pouvoir les distinguer des autres feuilles de la plante, et les considérer comme étant la partie la plus terminale du tube, qui se gonfle, et dans l'intérieur duquel naissent et se développent les embryons-graines.

Dans les animaux, la nature, en établissant les nombreuses modifications qui distinguent l'homme du polype, opère dans le même sens; c'est encore autour de ce même tube qu'elle place peu à peu les nombreux organes qui caractérisent les animaux d'ordre supérieur.

Mais ce qui mérite d'être bien observé, c'est l'inégalité qui existe dans le développement ou l'élévation des branches végétale et animale.

La première, composée d'êtres d'une organisation infiniment plus simple que celle des animaux, qui constituent la seconde, cesse d'offrir aucune espèce de comparaison organique avec celle-ci, dès que chez les animaux il s'établit, 1°. un système sensitif; 2°. une charpente osseuse nue, comme chez les insectes et les crustacées, ou recouverte par des muscles et une peau dans les animaux plus compliqués.

C'est faute d'avoir fait cette importante observation, que l'on a établi une foule de comparaisons entre les végétaux et les animaux, toutes plus inconvenantes les unes que les autres, comme, par exemple, celles entre le tube cortical et herbacé (qui, avec ses appendices, est la seule partie vivante du végétal), et la peau des animaux; entre cette masse inerte (le bois), située à l'intérieur du tube vivant dont nous venons de parler, et les os; entre cette autre petite masse de tissu cellulaire, qui a cessé de vivre, ménagée au centre du bois, et à laquelle on a improprement donné le nom de moelle, et la moelle épinière; entre l'embryon-végétal tout entier, et le cœur; et enfin entre les oreillettes de ce dernier, et les feuilles cotylédonaires du premier. C'est encore de cette manière d'observer qu'est née cette erreur, tant accréditée d'Aristote et de Boerhaave, que les végétaux sont des animaux retournés.

J'ai dans ce tableau, autant que pouvaient le permettre de simples figures géométriques, exprimé les divers caractères qui servent à distinguer les principaux groupes des êtres; j'ai, en outre, essayé d'imiter la nature dans la manière dont elle procède en compliquant ou en simplifiant ces mêmes êtres; c'est-à-dire qu'après avoir créé une forme, je l'ai constamment répétée, en m'élevant vers le sommet des deux branches, et en ne faisant que surajouter des choses nouvelles aux choses déjà formées.

Ainsi, comme on peut le voir, de simples portions de cercle représentent cette foule d'êtres mixtes, qui ne sont encore ni végétaux ni animaux, mais qui forment cette souche commune, d'où s'élèvent, par bifurcation, ces deux grands embranchemens, dont l'un, en se *végétalisant* peu à peu, se termine par l'une des plantes les plus compliquées, comme une renoncule, par exemple ¹, et l'autre en s'*animalisant* également par gradation, et en s'élevant beaucoup au-delà de celui des végétaux, se termine par l'homme.

On aurait tort de croire que, dans ce tableau, j'aie eu l'intention de comparer et de mettre en rapport, point pour point, l'homme avec un végétal : la seule chose que je me sois proposée, a été de présenter un simple enchaînement organique, en plaçant, autant que cela se peut, sur deux lignes dépourvues de leurs rameaux latéraux, les êtres, à mesure qu'ils passent de l'état le plus simple à celui le plus composé. Des cercles complets, en établissant le point de bifurcation ou de départ des deux embranchemens, simulent, d'une part, les végétaux qui manquent de corps reproducteurs, et auxquels la nature ne paraît point encore avoir accordé la faculté de se reproduire eux-mêmes, et, de l'autre, les animaux *infusoires homogènes*, qui me paraissent être dans le même cas.

Si, pour un instant, on abandonne la branche végétale pour ne s'occuper que de celle animale, on verra qu'à ces mêmes cercles déjà établis on ne fait que surajouter, de l'intérieur à l'extérieur, d'autres signes, tels que, pour les *zoophytes*, un centre nerveux et des rayons placés extérieurement; pour les *crustacés*, les *arachnides* et les *insectes*, une ligne intérieure indiquant la présence d'une moelle épinière, une tête et six membres appendiculaires. Ne pouvant donner qu'une seule figure pour ces trois groupes, j'ai signalé de préférence le nombre des pieds qu'offrent le plus

---

¹ On pouvait tout aussi bien terminer la branche végétale par un *magnolia* ou tout autre végétal aussi compliqué.

communément ces sortes d'animaux. En conservant pour les *mollusques* les mêmes signes, j'en ai seulement supprimé les membres extérieurs, dont la plus grande partie de ces êtres paraissent dépourvus; en passant de là aux *poissons*, une série longitudinale de points sert à faire connaître que là commence le système osseux et intérieur des animaux, que l'on a si heureusement distingués de ceux chez lesquels il n'existe réellement point encore, par le nom de *vertébrés*. Les *reptiles*, parmi lesquels il en est qui ont quatre ou deux pieds, et d'autres qui n'en ont point du tout, sont représentés par la même figure que celle des *poissons*, à laquelle on a seulement ajouté le signe intermédiaire de ce groupe, celui de deux membres antérieurs; les *oiseaux* offrant quatre membres appendiculaires, on a placé, sur le dos de la figure, ceux rudimentaires, qui leur servent le plus ordinairement à s'élever dans l'air; viennent enfin les *mammifères*, qui terminent cette branche, présentant dans leur organisation l'état le plus composé des êtres vivans, état composé, dans lequel on peut, en le déroulant par la pensée, retrouver les analogues des êtres plus simples; je veux dire qu'en supprimant, dans l'ordre où elles ont été créées, quelques-unes des parties organiques qui composent l'homme, on obtient par cette soustraction, dans ce qui reste, sauf les formes et les usages, l'équivalent d'un être plus simple que lui.

En reprenant la branche végétale au point où nous l'avons laissée, il est facile de voir que le cercle complet se reproduit jusqu'au sommet de cette branche, mais qu'en suivant toujours le même système on n'a fait qu'y ajouter de nouveaux signes. Un cercle plus intérieur caractérise les végétaux simples ou *axifères*, chez lesquels, comme dans la plupart des champignons et des algues de terre et de mer, on distingue des corps reproducteurs simples, nus ou tuniqués, et nichés dans la substance cellulaire de ces plantes : immédiatement au-dessus, commencent ces végétaux composés, que je nomme *appendiculaires*, parce que, indépendamment de l'axe qui constitue tout entier les végétaux *axifères*, il se développe encore autour de celui-ci des organes laminés, sortes d'appendices que l'on n'observe point sur les autres.

Ainsi, pour distinguer dans cette grande division les végétaux en monocotylédons et en polycotylédons, j'ajoute aux premiers trois appendices, comme nombre naturel de ce groupe, et cinq aux seconds, comme étant également celui qui paraît les caractériser. Possédant les trois moyens de reproduction ; savoir, les embryons-latens, les embryons-fixes et les embryons-graines, on les a indiqués par trois cercles intérieurs.

Les nouvelles divisions primordiales que présente cette branche végétale sont un extrait d'un tableau qui devait précéder, dans cet ouvrage, celui de l'*Organographie végétale*, et dans lequel, à l'aide d'un grand nombre de figures et de définitions, j'ai appliqué à l'excellente méthode naturelle de M. de Jussieu les nouvelles divisions que je propose.

Le titre de ce tableau est, Nouvelles divisions primordiales, *fondées sur la simplicité et la complication organique des végétaux, par bourgeon ou embryon-fixe ; sur l'absence ou la présence des corps reproducteurs, et sur la situation relative de ces derniers dans l'intérieur de la plante-mère, appliquées à la méthode naturelle de M. de Jussieu.*

Au lieu des trois grandes divisions, les *acotylédones*, les *monocotylédones* et les *dicotylédones*, établies par M. de Jussieu, je n'en présente que deux, auxquelles je donne les noms d'*axifères* et d'*appendiculaires*. Les caractères qui servent à distinguer ces deux groupes primordiaux me paraissent avoir des avantages réels sur ceux dont s'est servi l'illustre auteur de la Méthode naturelle, en ce que, d'une part, ils sont plus faciles à saisir, et que, de l'autre, au lieu d'être simplement fondés sur la présence ou l'absence, et le nombre très-variable des feuilles cotylédonaires, la partie la moins importante des embryons ou corps reproducteurs, ils offrent, au contraire, le résultat de toutes les parties qui constituent l'organisation entière des végétaux qui composent chacune de ces divisions.

PREMIÈRE DIVISION.

VÉGÉTAUX AXIFÈRES.

PREMIÈRE FORMATION.

Sont compris dans ce groupe ces innombrables végétaux qui, dans l'échelle graduée, ne présentent encore dans leur organisation qu'une tige ou un axe diversement modifié à l'extérieur et à l'intérieur duquel se développent, au moins pour une partie de ces plantes, des corps reproducteurs simples [1], nus ou tuniqués, et enfin dans lesquels le tissu primitif ou cellulaire paraît constituer, à lui seul, toute la masse organique : tels sont les *champignons*, les *algues* de terre et de mer, et une partie des *hépatiques*.

DEUXIÈME DIVISION.

VÉGÉTAUX APPENDICULAIRES.

DEUXIÈME FORMATION.

Après les végétaux *axifères*, simplement bornés aux tiges, viennent ceux qui, sur ces mêmes tiges, développent des organes appendiculaires : à ce caractère, qui distingue nettement les végétaux qui appartiennent à ces deux groupes primordiaux, et auquel caractère j'ai donné la préférence, par cela seul qu'il est le plus apparent et le plus facile à saisir, s'en présentent d'autres plus importans, tels que, 1°. l'association des tissus cellulaire et vasculaire à l'intérieur; 2°. la présence des *nœuds-vitaux* ou conceptacles des bourgeons dans l'épaisseur et en des points déterminés du tube vivant et herbacé; organes formant la source de la grande complication que présentent ces végétaux, et qui, par leur répétition et le développement des bourgeons, font, d'un végétal simple ou axifère, un végétal composé ou appendiculaire; 3°. l'apparition de deux nouveaux moyens de reproduction, celui des embryons-fixes ou bourgeons, et celui des embryons-graines; 4°. ces nombreux organes appendiculaires, presque toujours laminés, formant la parure de ces végétaux, et que, pour la commodité de l'étude, on a désignés, quoique parfaitement identiques, sous les noms de cotylédons, d'écailles, de feuilles et de stipules, de bractées, de calices, de corolles, d'étamines et de phycostèmes; 5°. les organes sexifères et la fécondation qui en résulte.

---

[1] On sent aisément que le corps reproducteur ou embryon d'un végétal axifère ne peut avoir de feuilles cotylédonaires, puisqu'il naît d'une mère dont le caractère principal est d'être dépourvue d'organes appendiculaires.

(32)

Cette division se compose des *mousses*, des *fougères*, des *monocotylédons* et des *dicotylédons*.

L'absence ou la présence des corps reproducteurs dans les végétaux axifères offre d'excellens caractères, dont je me suis servi pour subdiviser ce groupe en *aspermes* et en *spermés*. Dans les aspermes, entrent cette foule de végétaux de première formation, qui se confondent avec ces petits êtres mixtes qui forment la base commune des deux branches du règne organique, et auxquels il paraît que la nature n'a point encore accordé la faculté de se reproduire eux-mêmes.

Les spermés sont ceux dans lesquels il se développe des corps reproducteurs : ces corps, dont les situations relatives sont d'être tantôt épars, tantôt en séries, et tantôt agglomérés sur des points déterminés de la plante, présentent encore d'autres moyens de subdivisions, toujours subordonnés aux mêmes principes.

Les premières feuilles, que l'on distingue déjà sur le système supérieur des embryons appendiculaires, et qu'en ce premier état du végétal on a nommées des cotylédons, quoique étant très-variables dans leur nombre (Tabl. xxxvi, *bis*, fig. 12, 14, 15, 16, et 17 en *c*), ou pouvant même manquer entièrement (fig. 1), sans que pour cela les analogies en souffrent, peuvent fournir d'assez bons caractères, à l'aide desquels je divise les végétaux appendiculaires en *appendiculaires monocotylédons* et en *appendiculaires polycotylédons* [1].

Il est un autre caractère, établi dans ce tableau à la suite de ceux des quatre subdivisions, dont on ne saisirait que très-difficilement le sens, si je ne prévenais pas que par là mon intention a été de faire connaître que le système inférieur ou terrestre des végétaux va toujours en décroissant, à mesure que l'on descend l'échelle graduée de la végétation.

[1] Afin de comprendre dans ce groupe cette foule d'embryons, dont le nombre des feuilles cotylédonaires varie depuis deux jusqu'à seize, j'ai substitué le nom de polycotylédon à celui de dicotylédon employé par M. de Jussieu.

ORGANOGRAPHIE VÉGÉTALE.

Explications et définitions des principaux organes figurés dans ce TABLEAU.

SYSTÈME GÉNÉRAL.

Du seul besoin qu'ont les végétaux d'avoir l'une des deux parties qui les composent, fixée dans le sol, naît cette différence que l'on remarque entre la situation de leur ligne médiane et celle des animaux.

Cette situation, contraire dans les lignes médianes que présentent ces deux sortes d'êtres, a produit des dénominations différentes, telles que parties descendantes et ascendantes dans les végétaux, et parties droites et gauches dans les animaux. De cette observation, il est facile de sentir que ces différences sont entièrement relatives au changement de situation des deux lignes, et qu'il est tout aussi naturel de voir les parties qui composent les systèmes terrestre et aérien du végétal s'allonger, en s'éloignant de la ligne médiane, dans le sens vertical, que de voir celles des systèmes de droite et de gauche de l'animal croître, en s'éloignant également de la ligne médiane, dans le sens horizontal.

Ce caractère de parité, commun au plus grand nombre des êtres organisés, a cela de remarquable, qu'à mesure que l'on descend, en suivant les branches végétale et animale, vers le point de bifurcation, où elles se confondent, la ligne médiane, ou plutôt l'un des systèmes qu'elle sert à distinguer, disparaît insensiblement, au point que, dans les animaux les plus simples, et dans la plupart des végétaux axifères, on n'en retrouve plus qu'un.

M. Poiteau et moi, avons observé, les premiers, que le pivot principal du système inférieur des végétaux monocotylédons subissait une sorte de couronnement inférieur, prématuré, ou de troncature peu de temps après la germination, et que pour lors cette partie était remplacée par un grand nombre de racines latérales et supplémentaires; ce qui donne à l'ensemble du système terrestre de ces végétaux l'aspect d'un ample faisceau.

Mais à cette époque nos regards ne s'étendirent point sur la diminution progressive du système terrestre des végétaux à mesure que l'on descend des plus composés vers les plus simples. En effet, pour peu que l'on jette les yeux sur le tableau qu'offre le règne végétal, on voit que, dans les plantes polycotylédones, les deux systèmes, sauf quelques exceptions, sont généralement égaux, quant à leur masse ; que, dans celles dites monocotylédones, dont nous avons déjà parlé, la troncature qu'éprouve le pivot principal du système inférieur le réduit considérablement, et que, dans les végétaux simples ou axifères, tels que les champignons, les algues de terre et de mer, ce même système, en se réduisant de plus en plus, devient une sorte d'épatement, qui sert seulement à fixer ces sortes de végétaux aux corps sur lesquels ils vivent.

L'être végétal composé, considéré dans sa partie vivante, est un tube simple ou rameux, cylindrique, composé de cellules poreuses et aggrégées, dans lesquelles passent des fluides, sans que, pour cela, il y ait une véritable circulation. Ce corps tubulaire donne naissance, à sa surface extérieure, à des expansions ou organes appendiculaires, et dépose, de ses deux surfaces, des substances qui ont cessé de vivre, telles que l'épiderme crustacé et carbonisé par l'air à l'extérieur, et les couches concentriques et additionnelles qui composent cette masse inerte, que l'on nomme le bois à l'intérieur.

Autour et au sommet de ce tube vivant sont situés des nœuds-vitaux, dont la disposition latérale est constante, selon les diverses espèces : ainsi elle est *alterne distique, alterne en spirale, opposée par couple* ou *opposée par verticille.* Ces nœuds-vitaux ou sortes de conceptacles recèlent le germe des embryons-fixes (bourgeons), êtres particuliers destinés, par la répétition de leur naissance, à faire d'un végétal simple un végétal composé.

En suivant la disposition des nœuds-vitaux le long d'un rameau entièrement développé, on voit qu'ils alternent constamment entre eux dans le sens longitudinal de la tige ; qu'ils divisent cette tige en un certain nombre d'articles [1] d'autant plus longs, que la végétation a été plus favorisée, ou bien

---

[1] Mérithalle (du Petit-Thouars).

qu'ils sont plus éloignés des deux extrémités du rameau. Les nœuds-vitaux, plus importans que les organes appendiculaires qui les bordent et les protégent, déterminent toujours l'insertion relative de ceux-ci, qui ne peuvent jamais naître ailleurs que là; ceux de ces nœuds-vitaux, placés à la base d'un rameau, qui ont porté les feuilles rudimentaires et écailleuses du bourgeon, sont excessivement rapprochés et le plus ordinairement stériles, par faiblesse; ceux, au contraire, qui se développent sur la partie intermédiaire et vigoureuse du rameau, que les feuilles proprement dites accompagnent, sont presque toujours fertiles et très-espacés : arrivent ensuite ceux de la partie terminale, qui se rapprochent successivement et redeviennent stériles par épuisement. C'est sur le bord de ces nœuds-vitaux que naissent ces autres organes appendiculaires et rayonnans, tous parfaitement identiques, quand on abandonne toutes les considérations de formes, de couleurs et de fonctions, peut-être mal fondées, et que l'on a désignés par les noms de calice, de corolle, d'étamine, de phycostème, d'ovaire et d'ovule. Il paraîtra, sans doute, extraordinaire de voir comprendre, parmi les organes appendiculaires et foliacés des végétaux, les péricarpes et les tuniques propres de la graine ou plutôt de l'embryon. Je conviens que cette analogie sera difficile à saisir tant que, dans l'étude, au lieu de suivre pas à pas et de bas en haut le déroulement successif de tous les organes qui constituent un végétal, on se contentera, comme on le fait ordinairement, d'arriver latéralement ou à vol d'oiseau sur ces mêmes organes, qui, en cet état d'isolement et de développement, sont presque toujours inexplicables. Ce n'est en effet qu'en étudiant un végétal dans toutes ses évolutions, que l'on parvient à reconnaître l'identité originelle de tous les organes appendiculaires qui s'échappent par exfoliation du tube cortical et aérien de ce végétal, et que l'on est naturellement conduit à ne plus voir, dans la composition d'un ovaire et par suite d'un péricarpe, qu'une ou plusieurs feuilles rapprochées et soudées par leurs marges plus ou moins rentrantes à l'intérieur; dans le prolongement de la nervure médiane de ces mêmes feuilles, le style et le stigmate, qui en sont la partie terminée; dans le prétendu cordon ombilical, un article entièrement analogue à ceux qui séparent les feuilles libres et développées des tiges; dans la tunique propre de la graine, une feuille soudée, close de toute part, indéhiscente, bordant et protégeant le nœud-vital, qui a donné naissance à l'embryon ; et enfin quelquefois, dans un dernier effort de la végétation, un dernier article dans le *raphé* ou *vasiducte*, et une graine rudimentaire dans la *chalaze*. Ce dernier article de la tige, auquel on a donné le nom de raphé ou de vasiducte, représente exactement celui, quelquefois grêle et long, qui termine le rachis de certains épillets de graminées, et la chalaze, cette fleur rudimentaire, que les botanistes nomment, dans cette famille, une fleur neutre [1].

SYSTÈME SUPÉRIEUR OU AÉRIEN.

Ce système, dans les végétaux composés, peut, pour la commodité de l'étude, être divisé en deux autres systèmes d'organes, que je nomme l'un le système *axifère*, et l'autre le système *appendiculaire*.

Du système axifère.

Je subdivise ce système en deux colonnes, et je place, dans la première, quelques exemples des organes que l'on remarque à la surface extérieure du tube cortical vivant ou de ses appendices : tels, par exemple, que les pores simples, les pores membraneux, glanduleux, tubuleux ou piliformes, et les aiguillons. Au-dessous de ces organes et dans la même colonne se présentent des portions de rameaux sur lesquels on distingue les quatre principales modifications qu'offrent, dans leurs situations relatives, les nœuds-vitaux ou conceptacles des embryons-fixes.

Dans la seconde colonne du système *axifère*, sont représentés tous les organes qu'il est possible de rencontrer dans la structure la plus compliquée du fruit. L'ordre que j'ai suivi dans l'arrangement de ces organes, a été de commencer par le plus intérieur et le plus important, et en procédant,

---

[1] Déjà MM. Dutrochet et du Petit-Thouars ont avancé que le péricarpe devait être considéré comme un bourgeon terminal, composé de plusieurs feuilles soudées ; mais ils n'ont donné à ce sujet aucun développement, et n'ont point étendu leur observation jusqu'à la feuille ovulaire de la graine et aux deux derniers articles de la tige, que, faute d'étude suivie, on a nommés l'un *cordon ombilical*, et l'autre *raphé*.

comme on peut le voir, du simple au composé. Ainsi, si on jette les yeux sur la première et la dernière figures placées aux deux angles opposés de cette colonne, on s'apercevra sans peine que l'une représente l'embryon le plus simple, celui de la cuscute, qui manque d'organes appendiculaires et qui est réduit à l'axe, et que l'autre, en offrant dans le fruit du *fagus sylvatica* la plus grande complication possible (sauf l'arille qui lui manque), nous montre en même temps un embryon revêtu de trois enveloppes différentes; savoir, la tunique propre, le péricarpe et cette sorte d'involucre hérissé, qui joue le rôle d'un second péricarpe, si on ne le considère que sous le rapport de ses fonctions protectrices.

Malgré que le pistil, ou fruit qui en est le développement, puisse être considéré comme étant un bourgeon terminal, qui se compose de l'assemblage soudé de plusieurs pièces analogues aux autres organes appendiculaires de la plante, j'ai cru néanmoins que, pour la commodité de l'étude, il valait mieux considérer cet organe, toujours central, comme étant la continuité de l'axe, qui, en cette partie, se gonfle, devient lacuneuse, et donne naissance, dans ces lacunes, aux corps reproducteurs tuniqués ou embryons-graines.

Du système appendiculaire, concentrique ou de vestiture.

Les organes qui font partie de ce système sont tous des expansions du tube vivant des végétaux; ils ne se développent que sur les axes du système aérien, et constituent, par leur présence, le caractère extérieur qui distingue les végétaux simples ou *axifères* des végétaux composés ou *appendiculaires*. Bordant la partie extérieure d'un nœud-vital, ces organes, considérés dans leur insertion, sont libres ou soudés entre eux, isolés ou associés par couple ou par verticille; ils alternent sans cesse dans le sens longitudinal des tiges ou axes, et ils sont presque toujours laminés et munis d'une nervure médiane, qui se répand dans toutes les parties de la lame. Les cotylédons des embryons-graines, les écailles placées à la base des bourgeons, les feuilles et leurs stipules, les bractées ou feuilles rudimentaires qui avoisinent les fleurs, les folioles des calices et celles des corolles, les étamines et les phycostèmes, organes entièrement identiques, forment ce système.

Quoique tous ces organes soient essentiellement les mêmes, et qu'ils ne présentent que de simples modifications nées les unes des autres, j'ai pourtant encore jugé à propos de les diviser en deux colonnes, en mettant ceux de la fleur dans l'une, et ceux que l'on nomme des feuilles proprement dites dans l'autre.

SYSTÈME INFÉRIEUR OU TERRESTRE.

Ce système, entièrement réduit aux axes, imite en quelque sorte les végétaux simples. Borné, pour tout organe, aux pores corticaux et aux nœuds-vitaux, il naît de ceux-ci des bourgeons latéraux ou terminaux dépourvus d'écailles, et que l'on désigne sous le nom de chevelu; mais ce qui est assez remarquable, c'est que ces nœuds-vitaux sont toujours alternes, quelle que soit la disposition de ceux de la partie aérienne. Les moyens de reproduction qu'offrent les racines sont seulement celui des embryons-latens et celui des embryons-fixes ou spongioles. Il n'y a que peu ou point de moelle au centre du bois, à cause de l'extrême petitesse de l'axe des bourgeons ou spongioles.

DES TROIS MOYENS DE REPRODUCTION DES VÉGÉTAUX COMPOSÉS.

SYSTÈME SUPÉRIEUR.

A la suite des trois systèmes (*général, axifère et appendiculaire*) dont nous venons de parler, j'ai établi une quatrième colonne, dans laquelle je représente les trois moyens de reproduction des végétaux composés; savoir, les embryons-latens, les embryons-fixes (bourgeons) et les embryons-graines : j'ajoute, à la représentation de ces trois sortes de corps reproducteurs, celle des divers modes qu'ils offrent dans le développement de leurs premières évolutions, tels que, pour les embryons-fixes, le scion allongé ou de continuité; le scion roselé, qui n'est qu'une abréviation du scion allongé; le scion avorté ou spinescent, dans l'épine axillaire; le scion bulbeux, dans les bulbines qui se développent à l'aisselle des feuilles de certaines *liliacées*, et dans celles que l'on nomme gousses dans l'ail, et qui prennent également naissance à l'aisselle des feuilles écailleuses et inférieures de cette plante; et enfin le scion terminé ou scion-fleur, quand il paraît sous l'apparence d'une fleur.

Les embryons-graines présentent dans leur germination deux modes de développement très-faciles à distinguer : le premier (cotylédons hypogés) consiste dans ce que les feuilles cotylédonaires ayant acquis, sous les tuniques propres de la graine, tout l'accroissement dont elles étaient susceptibles, restent sous la terre, et se flétrissent tout près du point où elles ont pris naissance; tandis que, dans le second (cotylédons épigés), ces mêmes feuilles cotylédonaires, en conservant la faculté de croître et de verdir, sont exhaussées audessus du sol, et souvent assez loin de la ligne médiane, au moyen d'une première élongation végétale de l'axe, à laquelle on a, sans nécessité, donné le nom de *tigelle*.

SYSTÈME AXIFÈRE.

Organes faisant partie du TUBE VIVANT *des végétaux.*

ORGANES ÉPIDERMIQUES.

Pores. On nomme pores les issues, soit intérieures, soit extérieures, qui facilitent la circulation des fluides destinés à entretenir la vie des êtres organisés, et à mettre en rapport de communication les cellules aggrégées dont ces êtres se composent.

Les pores, comme organes de première formation et comme étant d'une nécessité absolue à l'existence des êtres vivans, sont communs aux végétaux et aux animaux, et ils exercent leurs fonctions dans tous, depuis les plus simples jusqu'aux plus composés.

Leur ouverture à la surface du végétal se manifeste de diverses manières; elle est simple (fig. 1), membraneuse (fig. 2), glandulaire (fig. 3) ou tubulaire (fig. 4), toujours simple dans ceux des racines.

Aiguillons. Les aiguillons sont de simples expansions du tissu cellulaire : répandus indistinctement sur toute la surface de la partie aérienne des végétaux, ils s'en détachent au moindre effort. La partie terrestre n'en produit jamais (fig. 5).

Disposition des nœuds-vitaux ou conceptacles des embryons-fixes sur le tube vivant des végétaux.

NOEUD-VITAL (Turp.).

Cet organe, qu'il ne faut point confondre avec les points-vitaux répandus indistinctement dans toutes les parties du tissu cellulaire des végétaux, sert de conceptacle ou de berceau aux embryons-fixes (bourgeons) : son apparition sur les plantes, qui ne commence guère qu'à partir des *mousses*, devient le premier des caractères qui distinguent les végétaux composés ou appendiculaires des végétaux simples ou axifères. Les nœuds-vitaux, comme les points-vitaux, prennent naissance dans l'intérieur du tissu cellulaire; mais ils diffèrent essentiellement de ceux-ci, en ce qu'au lieu d'être épars, ils sont constamment disposés, autour du tube végétal, sur des points déterminés. Considérés dans le sens transversal des tiges, les nœuds-vitaux sont isolés (fig. 1 et 2) ou associés (fig. 3 et 4). Dans le premier cas, ils sont alternes, distiques ou rangés sur deux côtés (fig. 1), ou alternes en spirale (fig. 2); dans le second, ils montrent l'opposition par couple (fig. 3) ou l'opposition par verticille (fig. 4); mais une chose de la plus haute importance, et qu'il ne faut jamais perdre de vue dans l'étude organique des végétaux, c'est que, quel que soit le mode de situation de ces organes dans le sens horizontal, ils restent toujours assujettis à la disposition alterne dans le sens longitudinal; c'est-à-dire, que jamais un *nœud-vital* ne s'oppose à un autre placé immédiatement au-dessus ou au-dessous de lui, mais bien à l'espace produit par deux autres (fig. 3 et 4).

Les nœuds-vitaux annoncent que les végétaux qui en sont pourvus quittent cette organisation simple que l'on remarque dans les champignons et les algues de terre et de mer; que ces végétaux vont devenir des êtres composés ou plutôt des aggrégations d'êtres; que, sur le bord de leurs nœuds-vitaux, il va se développer des organes appendiculaires, tels que les feuilles de la tige et celles de la fleur; qu'au premier moyen de reproduction, les embryons-latens, le seul que montrent les végétaux axifères, vont s'en adjoindre deux autres, les embryons-fixes et les embryons-graines; que la fécondation, peut-être indispensable au développement des embryons-graines, va se manifester ; et qu'enfin cette masse de tissu primitif ou cellulaire va être traversée diversement par un second tissu, que l'on nomme vasculaire.

Les nœuds-vitaux de la partie inférieure, ou système terrestre des végétaux composés, ont cela de remarquable, que, quelle que soit la disposition de ceux du système aérien, ils sont toujours alternes ; qu'ils ne sont jamais bordés par un organe appendiculaire, et que les embryons-fixes qui en émanent (connus sous le nom de spongioles ou de chevelu) sont toujours dépourvus d'écailles : très-peu apparens sur les racines ordinaires (fig. 2), ils deviennent très-visibles sur celles qui se gorgent de suc, comme dans la pomme de terre et le topinambour (fig. 3).

Fig. 1, *a.* (du système supérieur) nœud-vital donnant naissance à un embryon-fixe ; *b.* embryon-fixe terminal, très-distinct des latéraux, en ce qu'il n'a point de conceptacle particulier, qu'il émane de la continuité de l'axe, et qu'il ne contribue point à l'augmentation en diamètre ; *c.* embryon-fixe latéral ; *d.* espace ou entre-nœud auquel M. du Petit-Thouars a donné le nom de mérithalle ; *e.* place qu'occupait la feuille protectrice de l'embryon-fixe développé dans son aisselle.

Fig. 3 (du système inférieur), *topinambour*, *a.* nœuds-vitaux et embryons-fixes ; *b.* mérithalle.

CORPS REPRODUCTEURS LIBRES, *appartenant au troisième et dernier moyen de reproduction des végétaux composés ; considérés, avec leurs enveloppes protectrices. comme émanant de la partie terminale des axes.*

Embryons-libres dépouillés de leurs enveloppes.

EMBRYON OU FOETUS VÉGÉTAL.

L'EMBRYON-LIBRE, considéré au centre de ses enveloppes, est un petit être qui a déjà reçu tout le développement de sa seconde vie. Un *axe* et des *appendices* le composent tout entier : l'axe, qui est un abrégé de la charpente future de ce végétal, présente une ligne médiane horizontale, de laquelle doivent s'élancer, dans des sens opposés, d'une part le système inférieur (racines), et de l'autre le système supérieur ou aérien. Cet axe, comme partie essentielle de l'embryon, peut quelquefois manquer d'appendices, de même que cela arrive à ceux des *cuscuta* (fig. 1) et des *cassyta*, etc. Les appendices ou feuilles cotylédonaires, *protophylles* (du Petit-Thouars), naissent toujours au-dessus de la ligne médiane, et font conséquemment partie du système aérien : ces premières feuilles, quand elles se développent, sont ou isolées, ou associées ; c'est-à-dire que faisant partie du système appendiculaire, elles sont assujetties aux mêmes lois d'insertion. Ainsi elles sont isolées lorsque, placées latéralement sur l'axe, elles se soudent en une gaîne, comme dans les *liliacées* (fig. 2), ou bien qu'elles restent libres, comme celles des *cypérées* et des *graminées* (fig. 3 et 4) : elles sont associées par couples (fig. 5), ou associées verticillées (fig. 6) dans les végétaux que l'on nomme *dicotylédons*. Ces feuilles cotylédonaires, dont le point d'insertion est invariable, varient au contraire dans leur nombre depuis un jusqu'à seize ; elles se présentent dans la germination sous deux aspects différens : les unes, que l'on nomme hypogées, ayant acquis, sous les tuniques de la graine, tout l'accroissement dont elles étaient susceptibles, restent sous terre et se flétrissent dans la situation où elles sont nées, tandis que les autres, désignées sous le nom d'*épigées*, conservent la faculté de croître et de verdir, sont exhaussées au-dessus du sol, en s'éloignant de la ligne médiane par le moyen d'une première élongation aérienne, espace ou premier mérithalle, auquel on a donné le nom de *tigelle*. Plusieurs embryons peuvent naître naturellement sous l'enveloppe propre de la graine (fig. 7 et 8), et cette graine peut être quelquefois multiloculaire et contenir dans chaque loge un embryon (fig. 21). La situation de l'embryon relativement au point extérieur qui unit la graine au péricarpe, peut varier ; la radicule, le plus souvent tournée de ce côté, peut présenter l'inverse ou seulement une position latérale [1]. Eu égard à l'endosperme, l'embryon est adossé et

---

[1] La radicule d'un embryon regarde toujours le point d'attache qui correspond directement avec la plante-mère : lorsque l'apparence du contraire a lieu, c'est que la graine est pourvue de deux tuniques, et qu'entre ces tuniques rampe un cordon vasculaire (dernier mérithalle), qui s'abouche avec le hile et l'omphalode de la tunique intérieure, et vers lesquels la radicule est dirigée.

placé à sa base extérieure dans les *graminées* (fig. 13) : il l'entoure entièrement dans les *chénopodées* (fig. 14), ou il en est entouré lui-même dans le plus grand nombre de graines (fig. 15).

L'époque de la formation d'un embryon ne peut être dé-terminée ; mais il paraît assez probable qu'il naît, comme l'embryon-fixe, immédiatement de sa mère ; qu'il vit par elle, et qu'il ne s'en isole, dans l'intérieur du sac ovulaire, qu'au moment où il reçoit le principe de la fécondation ; qu'en ce nouvel état, que je nomme la seconde vie des êtres organisés (ceux auxquels la fécondation paraît nécessaire), il puise sa nourriture dans le fluide endospermique qui l'en-toure ; et que, dans ce premier isolement, il s'essaye, en quelque sorte, à vivre dans celui où il doit, à partir de la germination, commencer et terminer sa troisième et dernière vie.

L'embryon-libre seul peut avoir besoin de la fécondation ; les enveloppes protectrices se multiplient autour de lui en raison de ses besoins : il manque de tunique propre dans l'*avi-cennia* (fig. 11). Le péricarpe est réduit à l'état rudimen-taire dans les *labiées* (fig. 22 et 32) et dans les *borraginées ;* tandis que, dans d'autres cas, indépendamment du péri-carpe, une autre enveloppe plus extérieure semble lui tenir lieu de surtout, tel que cela se voit dans les involucres hé-rissés de la châtaigne et du hêtre (fig. 45).

OMBILIC PROPRE (Turp.), fig. 9, *a.*

La cicatrice ombilicale des embryons, par laquelle ces fœtus végétaux communiquent avec la plante-mère, est située précisément sur le point de la *ligne médiane :* cet or-gane qui, après que ses fonctions sont remplies, s'efface sur le plus grand nombre des embryons, reste très-visible sur ceux de la fève, du pois, et autres légumineuses, où il paraît sous l'apparence de deux petites cicatricules latérales.

ENDOSPERME (Rich.), périsperme (Juss.), albumen (Gœrt.), fig. 13, 14 et 15 en *a.*

Substance inorganisée : reste du fluide nourricier qui rem-plissait le sac ovulaire, qui a servi d'aliment à l'embryon pendant le développement de sa seconde vie, et qui ensuite s'est concrété autour de lui pendant son état de repos, comme devant encore devenir par émulsion sa première nourriture dans la germination. L'absence ou la présence de l'endosperme dans les graines offrent de très-bons caractères; mais comme ils sont fondés sur un corps inerte, qui ne fait point partie de l'organisation *tissulaire* des végétaux, il peut quelquefois manquer dans des espèces du même genre, sans que cela rompe les analogies.

GRAINE, fig. 16.

La graine, que l'on peut considérer comme l'œuf végétal, est le produit de l'ovule développé : elle se compose de deux parties organiques; savoir, de l'embryon parvenu, par la fécondation, au terme de sa seconde vie, et des tuniques qui le protégent. Ces tuniques, presque toujours uniloculaires, uni-embryonnées, assez souvent remplies par une substance concrétée, l'endosperme, peuvent aussi quelquefois être naturellement multiloculaires, et contenir, dans chaque loge, un embryon distinct.

TUNIQUE, tégument, lorique et tegmen (Mirb.), épisperme (Rich.), spermoderme (Dc.).

Enveloppe propre de l'embryon faisant partie de la graine. La tunique est la dernière feuille du végétal, soudée de toute part, indéhiscente, bordant et protégeant ce dernier nœud-vital qui sert de conceptacle au rameau-embryon.

A la surface de la graine on distingue les organes suivans :

HILE, fig. 17, *a.*

Cicatrice susceptible de varier dans sa grandeur, produite par l'abouchement des vaisseaux nourriciers qui ont servi au développement des tuniques de l'embryon (de la graine). Cette cicatrice hilaire indique, d'une part, le point qui détermine la base d'une graine, et, de l'autre, celui de sa communication avec le péricarpe : elle montre dans son enceinte, le plus souvent au milieu, *l'omphalode* ou ombilic nourricier de l'embryon, et contigu à l'un de ses bords ; on voit le *micropyle* ou organe destiné à transmettre la fécondation à ce même embryon.

OMPHALODE (Turp.), fig. 18 en *a*.

Organe placé dans l'enceinte de la cicatrice du hile, le plus souvent au centre, destiné à l'introduction des vaisseaux nourriciers, chargés d'apporter de la plante-mère les alimens nécessaires au développement de l'embryon avant et quelque temps après la fécondation.

MICROPYLE (Turp.), fig. 19 en *a*.

Organe perforé, situé près du hile, toujours dirigé, relativement à l'insertion de la graine dans le péricarpe, du côté qui regarde le stigmate ; aboutissant à la radicule de l'embryon (rarement opposé), servant d'introducteur aux vaisseaux spermatiques (cordons pistillaires, *correa*), qui apportent, des stigmates aux embryons encore invisibles, ce principe fécondant qui détermine leur séparation de la plante-mère et l'époque à laquelle commence la seconde vie des végétaux.

EMBRYOTÈGE (Gœrt.), fig. 20 en *a*.

Sorte de déhiscence operculaire, naturelle à quelques graines, facilitant la sortie et les premiers mouvemens de l'embryon au moment de la germination.

VASIDUCTE (Rich.), *raphé et chalaze* (Gœrt.), fig. 23 en *a* et en *b*.

(Cet organe n'existe pas toujours). Cordon vasculaire partant du podosperme, rampant sur l'un des côtés de la tunique propre de la graine, et venant s'introduire et s'épanouir, dans l'intérieur de sa partie supérieure, en une sorte de renflement qui prend le nom de *chalaze* ou d'ombilic interne. Cet organe, qui est très-visible dans les graines de l'*oranger* et des *passiflores*, cache un point d'organisation qui nous est inconnu. Est-il le cordon ombilical qui attache l'embryon à la plante-mère? ou n'est-il destiné qu'à conduire dans

l'intérieur des ovules le fluide nourricier dans lequel nage
l'embryon? Je pense que le vasiducte est le dernier article
ou mérithalle de la tige, que la chalaze est un rudiment de
graine, et que l'un et l'autre sont le dernier effort de la végétation.

ARILLE, fig. 24, 25 et 26 en *a*, et fig. 23 en *d*.

Expansion caronculaire, cupulaire ou sacciforme du podosperme (ou du trophosperme quand le podosperme manque), le plus ordinairement succulente et membraneuse,
recouvrant la graine en partie ou en totalité, et n'y adhérant
que par le hile.

PODOSPERME (Rich.), *funicule, cordon ombilical*, fig. 27 en *a*.

(Cette partie manque souvent). Sorte de cordon composé
de vaisseaux nourriciers qui ont apporté, de la plante-mère,
les sucs nécessaires au développement de l'embryon et de ses
tuniques, et qui lie, par le hile, la graine au trophosperme.
Ce cordon, qui n'a rien de comparable avec le cordon ombilical des animaux, est contourné en S dans les *mimoses*, et
d'une longueur remarquable dans les *magnolia*. Le podosperme, lorsque le vasiducte n'existe pas, est le dernier article
ou mérithalle de la tige : il consiste dans l'espace qui sépare
le nœud-vital, d'où émane l'embryon, de celui d'où partent
les feuilles ovariennes.

TROPHOSPERME (Rich.), *placenta et placentaire*.

Processus plus ou moins saillant de la cavité intérieure du
péricarpe ou de l'ovaire, qui sert de support et de point d'attache aux graines. Le trophosperme peut être axifère ou
pariétal : axifère, quand il naît de la base (fig. 28 et 36, *a*)
ou du sommet (fig. 37, *a*); pariétal, lorsqu'il part immédiatement des côtés (fig. 38 et 39, *a*). Il est pariétal marginal lorsqu'il est le produit des bords rentrans de deux
feuilles ovariennes, et pariétal médivalve lorsqu'il naît immédiatement de la nervure médiane de ces mêmes feuilles.

CLOISONS ET LOGES, fig. 43.

Diaphragmes verticaux, rarement horizontaux, complets ou incomplets, rayonnant de la circonférence au centre, ou du centre à la circonférence ; partageant la cavité du péricarpe en plusieurs loges. Ces loges, formées souvent par la rencontre intérieure de deux feuilles ovariennes, unies et soudées, s'isolent quelquefois par l'effet de la désorganisation de certains péricarpes (les euphorbes).

ENDOCARPE (Rich.), *panninterme* (Mirb.), fig. 41 , *c*.

Membrane pariétale qui tapisse toute la cavité intérieure du péricarpe. Cette membrane est l'épiderme de cette face interne et l'analogue du bois dans les tiges : comme celui-ci, le bois fructuaire augmente quelquefois en dureté et en épaisseur par les couches additionnelles qu'y dépose successivement la partie parenchymateuse (mésocarpe) : le noyau de la pêche et la noix du coco en sont des exemples.

MÉSOCARPE (Caffin.), sarcocarpe (Rich.), fig. 41 , *b*.

Substance interposée entre l'épiderme extérieur et l'épiderme intérieur, représentant le tissu cellulaire de l'écorce, charnue, succulente et sucrée dans la pêche, la poire et le melon : elle devient une sorte de bourre dans le coco, et est presque nulle dans les péricarpes des *graminées*, des *ombellifères*, etc.

ÉPICARPE (Rich.), *cette partie jointe au mésocarpe constitue la pannexterne* (Mirb.), fig. 41 , *a*.

Partie de l'épiderme général de la plante, distinguée sur le fruit sans trop de nécessité, produite là, comme partout ailleurs, par les parois des loges les plus extérieures du tissu cellulaire, durcies et colorées par l'action de l'air. L'épicarpe, le mésocarpe et l'endocarpe sont aux feuilles ovariennes ce qu'est aux autres feuilles de la plante, l'épiderme des deux faces et le parenchyme ou tissu cellulaire placé au milieu.

PÉRICARPE, fig. 41 , *a*, *b* et *c*.

Ovaire développé par les simples lois de l'accroissement végétal, nul ou réduit à l'état rudimentaire dans les *labiées* et les *borraginées*. Le péricarpe est le produit d'une ou de plusieurs feuilles ovariennes roulées et soudées de toute part par leurs bords : ce sont ces mêmes bords qui, en rentrant plus ou moins à l'intérieur, forment les trophospermes pariétaux marginaux, sur lesquels naissent les graines toujours bisériées, et qui, en même temps, laissent à l'extérieur de tous les fruits irréguliers ces rainures que l'on remarque sur le péricarpe des légumineuses, de la pêche, de la prune, et, en général, sur tous ceux où l'on est en droit de soupçonner l'avortement, au moins d'une partie semblable à celle qui se développe.

Cinq ou dix feuilles ovariennes, simplement soudées par la rencontre de leurs bords, constituent le péricarpe régulier et uniloculaire des *primulacées*. Le désoudement, vers le sommet, de ces petites feuilles, produit la déhiscence de ces sortes de péricarpes.

Une seule de ces feuilles ovariennes, roulée et soudée par ses bords plus ou moins rentrant à l'intérieur, produit le péricarpe irrégulier des *légumineuses*, des *graminées*, de la pêche, de la cerise, etc. Il est important d'observer que les feuilles ovariennes, disposées comme toutes celles du végétal, ont leur face interne tournée du côté de la tige, et que c'est toujours vers le centre de leur support qu'elles se soudent.

Deux de ces mêmes feuilles, opposées par couple, forment les péricarpes libres et folliculaires des *apocynées*, et ceux biloculaires, par soudure, des *ombellifères*, des *gentianes*, des *rubiacées*, et, en général, de tous ceux qui présentent le nombre binaire.

Trois, également opposées, composent tous les péricarpes libres ou soudés des plantes *monocotylédones*, telles que les *liliacées*, *broméliées*, *palmiers*, etc., et, dans les *dicotylédones*, la plupart des péricarpes tricoques des *euphorbiacées*, et ceux libres entre eux des *delphinium*, des *aconitum*, etc.

Cinq, opposées et verticillées, offrent les péricarpes des

pivoines, de la *fraxinelle*, et le plus grand nombre de ceux qui appartiennent aux végétaux dicotylédons.

Enfin, un verticille de quinze ou vingt feuilles ovariennes donne les péricarpes très-composés de l'*anis étoilé*, ceux de la plupart des *malvacées*, et celui, très-remarquable, du *hura crepitans* ou *sablier*.

De l'isolement ou de l'association par couple ou par verticille des feuilles ovariennes soudées, comme nous l'avons déjà observé, par leurs bords intérieurs, naissent les péricarpes simples et les péricarpes composés.

TISSU MÉDULLAIRE (Turp.), fig. 43, *a*.

Substance qui remplit la cavité intérieure de certains péricarpes, et dans laquelle les graines paraissent comme nichées. Cette substance, spongieuse dans la *châtaigne* et la *noisette*, farineuse dans l'*adansonia*, succulente dans l'*orange*, représente exactement la moelle placée dans le canal ligneux des tiges.

FRUIT, fig. 44.

Ovaire et embryon développés. Cet organe, dernier terme de la végétation, porte, à son extérieur, un caractère distinctif, qui doit empêcher qu'on ne le confonde, comme on l'a fait, avec certaines enveloppes involucrales : ce caractère réside dans les traces que laissent, le plus souvent au sommet, les styles et les stigmates.

OVULE, fig. 29 et 30.

Jeune graine remplie du fluide endospermique, nourricier, dans l'intérieur de laquelle l'embryon apparaît et se détache de sa mère après la fécondation. Le sac ovulaire est la dernière feuille soudée et indéhiscente du végétal : elle borde et protége le nœud-vital embryonifère.

PISTIL, fig. 29 et 30.

Partie terminale d'un rameau. Le pistil représente le système axifère de la fleur et l'enfance du fruit ; il se compose essentiellement de l'ovaire, des ovules et du stigmate, auxquels on peut ajouter, quoique parties peu nécessaires, le style et certains pédicelles qui supportent l'ovaire. Destiné à remplir les fonctions d'organe femelle, son stigmate reçoit, des organes mâles, le principe fécondant, et le transmet, par les vaisseaux pistillaires, aux embryons contenus dans les ovules. Le pistil peut être simple ou multiple dans la même fleur. Une ou plusieurs pièces, entièrement analogues aux feuilles, rassemblées et soudées par leurs bords, composent le pistil et par suite le péricarpe.

OVAIRE, fig. 29 et 30.

Partie inférieure du pistil, destinée à favoriser le développement des embryons-libres et tuniqués (ovules) qu'elle contient. L'ovaire, toujours herbacé, peut être simple ou multiple dans la même enveloppe florale, uniloculaire, uni-embryonné ou multi-embryonné, multiloculaire à loge uni-embryonnée ou multi-embryonnée; sa situation, relative aux organes appendiculaires de la fleur, peut varier au point que, dans le même groupe de végétaux, on le voit tantôt en dedans, tantôt en dehors du calice, ou moitié l'un et moitié l'autre, avec toutes les nuances possibles. Le sommet de l'ovaire est toujours déterminé par la présence du style ou du stigmate, quelle que soit la direction de ce dernier.

STYLE, fig. 29 et 30.

Partie superflue, comparable aux espaces ou mérithalles qui rapprochent ou éloignent les nœuds-vitaux sur les tiges. Le style n'étant produit que par l'allongement de la nervure médiane des feuilles ovariennes, et présentant souvent la réunion de plusieurs de ces organes soudés, peut quelquefois, par prolongation de la cavité ovarienne, être perforé au centre; mais il ne faut pas confondre ce canal inutile avec les vaisseaux pistillaires qui transmettent le principe fécondant aux embryons. Ces vaisseaux, peu visibles, sont toujours placés vers la circonférence et n'occupent jamais le centre. Le style, comme nous venons de le dire, est toujours le produit de la nervure médiane de la feuille qui compose l'ovaire, qui s'allonge plus ou moins, et qui se termine par un stigmate.

STIGMATE, fig. 31.

Organe placé au sommet de l'ovaire ou du style quand celui-ci existe, se présentant, le plus souvent, sous la forme d'une petite rosette papilleuse et visqueuse : ces papilles que termine un pore, et qui sont probablement les issues des vaisseaux pistillaires, aspirent amoureusement le fluide spermatique que contiennent les utricules ou le pollen des anthères, et le transmettent aux embryons. Le nombre des parties d'un stigmate est en rapport avec celui des trophospermes ou des embryons : le stigmate est le sommet de la nervure médiane d'une feuille ovarienne qui se termine par une glande souvent papilleuse.

Fig. 1, *Cuscuta Europæa*. 2, *Potamogeton natans*, *a*. cotylédon, *b*. coléorhize, *c*. radicule, *d*. gemmule. 3, *Danthonia decumbens*, *a*. cotylédon. 4, *Triticum hybernum*, *a*. cotylédon, *b*. id. rudimentaire. 5, *Hura crepitans*. 6, *Pinus pinea*. 7, *Viscum album*. 8, *Citrus aurantium*. 9, *Pisum sativum*, *a*. ombilic propre. 10, *Evonymus Europæus*, *a*. ligne médiane, *b*. radicule, *c*. cotylédon, *d*. gemmule. 11, *Avicennia tomentosa*. 12, *Phaseolus vulgaris*, var. *coccineus*. 13, *Danthonia decumbens*, *a*. endosperme. 14, *Chenopodium*. 15, ... 16, *Phaseolus vulgaris*. 17, *Evonymus Europæus*, *a*. hile, *b*. omphalode, *c*. micropyle. 18, *Phaseolus vulgaris*. 19, id. 20, *Commelina communis*, *a*. opercule de l'embryotège. 21, *Jussiæa suffruticosa* : graine multiloculaire, souvent multi-embryonnée. 22, *Salvia pratensis*, *a*. péricarpe rudimentaire réduit à la base. 23, *Passiflora alata*, *a*. vasiducte ou raphé, *b*. chalaze, *c*. podosperme (cordon ombilical des auteurs), *d*. arille ouvert, *e*. tunique propre de l'embryon, *f*. endosperme, *g*. embryon. 24, *Evonymus Europæus*. 25, id., *a*. arille soulevé pour faire voir qu'il n'adhère qu'avec le hile. 26, id., coupe verticale, *a*. arille, *b*. tunique propre de l'embryon, *c*. endosperme, *d*. embryon. 27, *Cassia fistula*, *a*. podosperme, cordon ombilical des botanistes. 28, *Ericées*, *a*. trophosperme. 29, *Anagallis monelli*. 30, ... 31, *Lilium candidum*. 32, *Lycopus Europæus* : péricarpe rudimentaire dont on a enlevé les quatre graines nues. 33, *Lathyrus odoratus* : fruit irrégulier par avortement invisible, et à côté duquel on a simulé la partie qui paraît lui manquer.

Il faut bien remarquer que le côté de ces sortes de fruits, qui porte les graines, regarde l'axe du végétal, et que, lorsqu'il avorte quelques organes, ce sont toujours ceux qui se trouvent placés le plus près de la tige. 34, *Amaranthus sanguineus*. 35, *Scabiosa succisa*. 36, *Silene noctiliflora*, a. trophosperme inférieur. 37, *Polyphragmon* (Desf., *Mém. du Mus. d'hist. nat.*) : trophosperme supérieur. 38, *Passiflora maliformis*. 39, *Juncus articulatus*, a. podospermes pariétaux. 40, *Éricées*. 41, *Prunus domestica*. 42, *Evonymus Europæus*. Il semble que la nature a fait ce fruit pour l'étude, en peignant toutes les parties qui le composent des couleurs les plus vives : le péricarpe est rosé, l'arille d'un beau rouge de feu, la tunique de la graine est brune, l'endosperme a la blancheur de la neige, et l'embryon, placé au centre, est d'un vert aussi prononcé qu'il est remarquable. 43, *Castanea vesca*, a. substance fongueuse, remplissant les cavités de l'ovaire, analogue à la moelle ménagée au centre de la tige des végétaux ligneux. 44, *Pyrus communis*. 45, *Fagus sylvatica*.

SYSTÈME APPENDICULAIRE.

ORGANES APPENDICULAIRES TERMINAUX OU FEUILLES DE LA FLEUR.

FLEUR, fig. 1.

La fleur est SOLITAIRE, *axillaire* et *terminale* [1].

Partie terminale et terminée d'un rameau, offrant les plus grands rapports d'analogie avec les scions feuillés ou de continuité, surtout avec ceux que l'on nomme *roselés ;* ayant, comme le bourgeon ou embryon-fixe, un nœud-vital pour conceptacle, et située, comme lui, tantôt à l'aisselle des feuilles, et tantôt à l'extrémité des axes. La fleur se compose également des systèmes axifère et appendiculaire : le pistil, qui représente le premier, remplit les fonctions de femelle, reçoit, des anthères, le principe fécondant, et le transmet aux embryons-tuniqués, contenus dans l'intérieur des ovaires;

[1] Voyez mon Mémoire sur l'inflorescence des graminées et des cypérées, etc. (*Mém. du Mus. d'hist. nat.*, tom. v).

le second, dans lequel se manifeste la partie mâle, comprend des organes entièrement analogues aux autres feuilles de la plante. Ces organes, toujours excessivement rapprochés les uns des autres, quelquefois alternes, plus souvent opposés-verticillés, dans leur situation horizontale, alternent sans cesse dans le sens longitudinal [1] (ou, pour parler plus claire-ment, de l'extérieur à l'intérieur, à cause de l'extrême briè-veté de l'axe, sur lequel ils se pressent) : tels sont les folioles des calices, les pétales des corolles, les étamines et les phy-costèmes.

PHYCOSTÈME (Turp.) (phycostemon, φυχοστϡϛ, déguisée, σ7ημων, étamine), *nectaire* (Lin.), *disque* (Adans.), *glande ovarienne* (Desv.), fig. 2, 3 et 4, *a*.

Étamines feintes ou déguisées. Cet organe affecte toutes sortes de formes en passant, comme le font tous les organes, d'un minimum peu connu à un maximum très-développé, situé le plus souvent entre les étamines et l'ovaire; il se place quelquefois entre les étamines et la corolle, et, dans certains cas (*chironia frutescens*), entre celle-ci et le ca-lice. Jetant parfois son masque, il donne naissance à des anthères (fig. 4, 6); compagnon inséparable des étamines, son insertion relative est absolument la même; ce qui doit dispenser de la distinguer, comme on l'a fait, en hypogyne, périgyne, épigyne, etc. Il ne faut pas confondre le phycos-tème avec le péricarpe rudimentaire, qui porte les quatre graines nues des *labiées*, ni avec certains pistils rudimen-taires qui occupent le centre de quelques fleurs unisexuelles, ou bien encore avec ces renflemens qui couronnent, dans l'intérieur des calices, le sommet de l'ovaire d'un grand nombre de *rubiacées*, et qui appartiennent peut-être à la base du style (voyez, sur cet organe, mon mémoire intitulé : *De l'inflorescence des graminées et des cypérées*, etc., publié dans les *Mém. du Mus. d'hist. nat.*, tom. v).

ÉTAMINE, fig. 5 et 6.

Organe mâle, pétale réduit à la nervure médiane (filet,

[1] Les étamines, opposées aux pétales dans les berbéridées et les primi-lacées, sont, pour le moment, des exceptions à cette grande loi.

fig. 6, c), terminé par une petite boîte (anthère, fig. 6, a, b) presque toujours bilobée et biloculaire, plus rarement uniloculaire, ou paraissant avoir quatre loges lorsque le *trophopollen*, dont je vais parler tout à l'heure, se prolonge et subdivise chacune des deux loges en deux logettes. L'anthère, partie essentielle de l'étamine, renferme un grand nombre de petites utricules libres ou soudées entre elles (pollen), qui, à leur tour, contiennent le fluide spermatique et fécondant. Ainsi, on peut compter trois choses distinctes dans l'anthère, le connectif, qui sert de point d'union aux loges; les loges et le pollen. Le filet, peu nécessaire, manquant souvent, est à l'étamine ce que le style est au pistil: en se laminant, il devient un pétale, produit l'avortement de l'anthère et double la fleur. L'insertion relative des étamines, selon qu'elle est hypogyne, périgyne ou épigyne, quoique souvent très-difficile à bien distinguer, a servi à **M.** de Jussieu pour l'établissement des principales divisions de son excellente méthode.

CONNECTIF (Rich.), fig. 7, *a.*

Partie solide de l'anthère, qui donne naissance aux loges et aux utricules spermatiques. Le connectif est aux anthères ce qu'est le trophosperme central aux péricarpes; il produit de même, le plus souvent dans l'intérieur des loges, des *processus* (*trophopollen*), qui divisent chaque loge de manière à former en apparence des anthères quadriloculaires; je dis en apparence, parce que ces quatre loges n'ont point la même valeur, et qu'au fond elles n'en forment que deux plus ou moins subdivisées par le trophopollen. Le connectif ou porte-loge se distingue du filet de l'étamine par une articulation; mais souvent peu apparent, il n'est qu'une simple prolongation du filet : comme tous les organes, il varie beaucoup de formes; il a celle d'un rein dans l'*éphémère* (fig. 7, *a*): il se prolonge en un appendice terminal dans un grand nombre d'*apocynées* et de *synanthérées*, et prend, dans les *sauges*, la forme d'un balancier.

TROPHOPOLLEN (Turp.), fig. 8, *a.*

Cet organe, qui n'avait point encore été nommé, est aux

utricules polliniques ce qu'est le *trophosperme* aux ovules
et aux graines; c'est en effet par ces deux sortes d'organes,
que les ovules, d'une part, et le pollen, de l'autre, communiquent avec la plante-mère. Lorsque le *trophopollen* se
prolonge jusqu'à la suture des loges, il les divise en deux, et
rend les anthères comme quadriloculaires.

POLLEN, fig. 9, 10 et 11.

Corps utriculaires, ayant l'aspect d'une poussière, développés dans l'intérieur des loges de l'anthère, paraissant le
plus souvent libres ou enchaînés par des fils extrêmement
déliés, ou, ce qui est plus rare, agglomérés et soudés en
masse (fig. 10), affectant un certain nombre de formes assez
simples, étant à l'extérieur lisses ou hérissés : ils laissent
échapper, par explosion, le fluide fécondant qu'ils contiennent. Ces corps, dont la couleur due à celle du fluide est le
plus souvent jaune, quelquefois blanche, grise, bleue, rose
et même verte; ces corps, dis-je, étant mieux observés,
pourront fournir de bons caractères.

COROLLE, *périgone intérieur* (D. C.), fig. 12 et 13.

On nomme corolle la partie la plus apparente et la plus
brillante de la fleur : elle se compose de l'assemblage libre
ou soudé de plusieurs petites feuilles pétalées, d'un tissu
très délicat, et offrant, par épuisement, les couleurs les
plus vives, excepté la noire. Ces petites feuilles, traversées
longitudinalement par une nervure médiane, qui se répand
dans toutes les parties de la lame, sont insérées autour de
l'axe le plus souvent par verticilles; considérées dans leur
situation relativement aux autres organes appendiculaires
de la fleur, elles sont constamment placées entre les folioles
du calice, avec lesquelles elles alternent, et les étamines. La
corolle, comme organe plus intérieur et plus délicat que le
calice, avorte de préférence, et son absence, en reduisant la
fleur à une seule enveloppe, prouve que celle qui s'est développée est le calice.

CALICE, *périanthe*, *périgone extérieur* (D. C.), fig. 14, 15 et 16.

Feuilles réduites, munies de nervures médianes, vertes ou vivement colorées, fimbrillées et incolores dans les *synan-thérées*, constituant l'enveloppe la plus extérieure du système appendiculaire de la fleur, présentant le plus communément le multiple trois dans les monocotylédones, et le multiple cinq dans les polycotylédones ; opposées-verticillées, quelquefois alternes et imbriquées, elles sont libres ou soudées. Fig. 1, *Pyrus malus.* 2, *a. Gratiola officinalis.* 3, *a. Pæonia montan.* 4, *a. Aquilegia vulgaris.* 5, ... 6, ... 7, *Tradescantia Virginica.* 8, id. 9, *Azolea viscosa.* 10, *Asclepias Syriaca.* 11, *Cucurbita pepo.* 12, *Convolvulus.* 13, *Dianthus.* 14, *Cucubalus.* 15, *Cheiranthus cheiri.* 16, *Cynara pusilla.*

ORGANES APPENDICULAIRES LATÉRAUX OU FEUILLES PROPREMENT DITES.

Rudimentaires par faiblesse.

COTYLÉDONS, *protophylles* (du Petit-Thouars), fig. 1, *a*, et 2, *a.*

Premières feuilles du végétal faisant partie de l'embryon, considéré dans son état de réclusion et quelque temps après la germination. Appartenant au système aérien, et conséquemment insérés au-dessus de la *ligne médiane*, les cotylédons sont assujétis aux mêmes lois que tous les autres organes appendiculaires, et présentent également les mêmes caractères : ils sont isolés ou associés selon les espèces de plantes auxquelles ils appartiennent ; isolés, lorsqu'ils forment une gaîne, comme dans les *liliacées*, ou lorsqu'ils sont libres et latéraux, comme dans les *graminées* et les *cypérées ;* associés, quand ils sont réunis par couple, comme dans le plus grand nombre des végétaux dicotylédons, ou quand ils sont réunis par verticilles, comme dans les *conifères* et beaucoup d'autres végétaux. Ces feuilles cotylédonaires sont, les unes, susceptibles de prendre de l'accroissement, de se colorer dans la germination, et d'être exhaussées au-dessus de la *ligne médiane* et du sol, au moyen de l'élongation d'un premier mérithalle, tandis que les autres restent inertes sur le point où elles ont pris naissance. De là cette distinction de cotylédons épigés pour les premiers, et de cotylédons hypogés pour les seconds.

ÉCAILLES, *cotylédons ou protophylles des embryons-fixes*, fig. 3 et 4.

Les écailles, considérées seulement dans celles qui accompagnent la naissance des bourgeons, sont des feuilles rudimentaires, réduites à la base d'un pétiole : ces petites feuilles sont aux embryons-fixes ce que les cotylédons sont aux embryons-graines. Quelques-unes de ces écailles semblables à certains cotylédons sont susceptibles de croître et même de verdir, et d'être exhaussées au-dessus du point axillaire, au moyen d'un premier mérithalle entièrement analogue à celui que présentent les embryons-graines dans leur germination, et que l'on a nommé *tigelle* : tandis que d'autres se flétrissent et se détachent près du lieu où elles se sont développées. Un autre caractère de ressemblance et d'analogie entre les écailles et les protophylles des embryons-graines consiste dans leur isolement (fig. 3) et dans leurs associations soudées (fig. 4).

Maximum du développement des organes appendiculaires, de ceux que l'on a désignés sous le nom de feuilles.

FEUILLE, fig. 5, 6, 7, 8 et 9.

La feuille peut être définie ainsi : Tout organe appendiculaire et le plus souvent articulaire, quelles que soient ses dimensions, sa forme, sa figure, sa consistance et sa couleur, qui borde extérieurement un nœud-vital, est une feuille. La feuille est aux embryons-fixes (bourgeons) ce que sont les tuniques de la graine et le péricarpe aux embryons-libres et fécondés.

La feuille, réduite souvent à la nervure médiane (fig. 5), s'élargit, des deux côtés de cette nervure, en une lame régulière ou irrégulière (fig. 6) : cette lame, de simple qu'elle était en son bord, se découpe en dents, puis en lobes plus ou moins profonds (fig. 7 et 8), et enfin se compose et devient articulée (fig. 9).

Rudimentaires par épuisement.

INVOLUCRE, enveloppe accessoire des fleurs, fig. 10 et 11.

Amas de feuilles réduites, libres ou soudées, formant une enveloppe extérieure à la fleur ou aux fleurs. L'involucre est composé de feuilles rudimentaires, libres entre elles dans les *ombellifères*, et de feuilles rudimentaires soudées dans la cupule du *gland* (fig. 11), et dans celle hérissée de la *châtaigne*.

BRACTÉE, feuille florale, fig. 12, 13, 14 et 15.

Feuilles rudimentaires bordant un nœud-vital, d'où sort le plus souvent une fleur. Libres et isolées dans la plupart des végétaux, elles sont aussi quelquefois associées et soudées par couples, comme cela se voit dans celles qui servent de seconde valve aux prétendues corolles des *graminées* (fig. 13, *a*). Les bractées, presque toujours laminées et traversées par une nervure médiane, sont quelquefois réduites à une simple soie (fig. 15, *a*), comme celles que l'on observe derrière les fleurettes de quelques *synanthérées*, et elles sont susceptibles de se colorer par épuisement.

Stipules ou feuilles supplémentaires.

STIPULE, fig. 16, 17, 18 et 19, *a*.

Petite feuille supplémentaire laminée, réduite à la nervure médiane ou accompagnant la base des feuilles, insérée sur la tige ou n'étant qu'une expansion du pétiole, libre ou soudée en gaîne, bordant un nœud-vital, d'où il naît quelquefois à son aisselle un embryon-fixe.

Fig. 1, *Potamogeton natans*. 2, *Evonymus Europæus*. 3, *Pyrus communis*. 4, *Populus Virginiana* (fig. 5, 6, 7, 8 et 9). Pour ne pas trop multiplier les figures, on a imaginé de mettre des feuilles, comme celles 6, 7 et 9, qui, dans leur ensemble, en représentent plusieurs : cette méthode peut avoir l'avantage de faire connaître comment la nature modifie les êtres et leurs organes en les faisant passer de l'état le plus simple à l'état le plus composé. 10, *Ombellifère.* 11, *Quercus coccifera.* 12, *Salvia sclarea.* 13, *a. Grami-née.* 14, *a. Rudbeckia amplexicaulis.* 15, *a. Cynara sco-lymus.* 16, *a. Rosa canina.* 17, *a. Artocarpus incisa.* 18, *a. Rubiacée.* 19, *a. Melianthus major.*

DES TROIS MOYENS DE REPRODUCTION DES VÉGÉTAUX COMPOSÉS.

SYSTÈME SUPÉRIEUR.

PREMIER MOYEN.

Par les embryons-latens ou points-vitaux, fig. 1.

Corps reproducteurs ne se développant que par des causes inattendues, et donnant lieu aux bourgeons *adventifs* (du Petit-Thouars); visibles dans les végétaux simples qui ne possèdent que ce seul mode de reproduction ; invisibles, quoique existant, dans ceux qui ont des nœuds-vitaux et des sexes ; nus, épars et nichés dans toutes les parties du tissu cellulaire vivant du végétal ; fertiles sans fécondation, pouvant se développer en un scion allongé ou roselé, en épine ou scion avorté, ou enfin en une fleur, qui est un scion ter-miné.

C'est au développement inattendu de ces sortes d'em-bryons, que sont dus, 1°. les nombreuses ramilles de tant de végétaux ; 2°. les épines des *gleditsia triacanthos* et *hor-rida* ; 3°. les fleurs et par suite les fruits des *cercis siliquas-trum, theobroma cacao, crescentia cujete, artocarpus in-tegrifolia*, etc., qui s'échappent sans ordre de tous les points de la vieille écorce.

M. du Petit Thouars pense, et cela peut être avec raison, dans quelques cas, que les productions inattendues dont nous venons de parler proviennent du développement tardif de certains bourgeons ou embryons-fixes restés stationaires à l'aisselle des feuilles, et qui, par l'accroissement du tube cortical, se sont trouvés enveloppés jusqu'au moment où des circonstances difficiles à expliquer sont venues en favoriser la sortie.

C'est encore à l'existence des embryons-latens que nous devons la multiplication de ces nouveaux êtres que l'on obtient d'une feuille, d'un pétale, et, en général, de toutes les parties vivantes du végétal, pourvu toutefois que, dans ces parties, il y ait une portion suffisante de tissu cellulaire, pour que l'embryon ne se dessèche pas avant qu'il ait eu le temps d'établir quelques racines, à l'aide desquelles il puisse se suffire et abandonner l'ancienne aggrégation dont il faisait partie.

DEUXIÈME MOYEN.

Par les embryons-fixes (du Petit-Thouars) *ou bourgeons*, fig. 2.

Corps reproducteurs non fécondés, nus ou écailleux, ayant les nœuds-vitaux pour conceptacles, munis d'écailles dont les extérieures sont comparables aux cotylédons des embryons-graines, naissant successivement les uns des autres, et formant, par répétition, cette aggrégation d'êtres qui composent la masse générale d'un grand arbre. Ces embryons-fixes, latéraux ou terminaux offrent quelquefois, dans leur première élongation, une tigelle semblable à celle des embryons libres et fécondés ; leur ligne médiane horizontale est marquée par le point qui les fixe au nœud-vital : au-dessous de ce point, qui est, pour ces sortes d'êtres, ce qu'est la surface du sol aux embryons-fécondés, se développent des productions radicales, qui, cherchant l'ombre et l'humidité, descendent entre l'écorce et le bois, où, à l'aide du cambium, elles s'y anastomosent, et y forment ces nouvelles couches ligneuses et concentriques, qui augmentent, par leur superposition, les végétaux en diamètre.

Les embryons-fixes ne se détachent jamais naturellement de l'aggrégation à laquelle ils appartiennent : il faut que la main de l'homme ou un accident les en isolent, pour qu'ils puissent aller au loin en former une nouvelle.

L'apparition des nœuds-vitaux et des embryons-fixes qui en émanent est en rapport avec la présence des sexes, et

forme en même temps le caractère qui distingue, aussi naturellement que possible, les végétaux *axifères* des végétaux
appendiculaires.

Ces embryons de seconde formation, presque toujours
protégés par la feuille qui leur sert d'enveloppe involucrale,
se composent des systèmes axifère et appendiculaire, et se
présentent, dans leur développement, sous les formes suivantes : en scion allongé, *a* ; en scion roselé, *b*, lorsque son
axe ne produit que des feuilles et des bourgeons ; en scion
avorté, *c*, quand il se termine promptement en une pointe
acérée (épine); en scion bulbifère dans quelques liliacées ;
en scion terminé, *d* (fleur), quand, à son extrémité, il
naît une spongiole stigmatique; qu'au-dessous du stigmate
il devient lacuneux par dilatation ; que, dans cette lacune
ou loge, il se développe des embryons-libres et tuniqués, et
qu'enfin il produit autour de l'axe, au lieu de feuilles, des
organes analogues, qu'on a nommés involucres, calices, corolles, étamines et phycostèmes.

Par les embryons-libres (du Petit-Thouars), fig. 3.

Corps reproducteurs fécondés, tuniqués, rarement nus
(comme dans l'*avicennia*), nés de la partie la plus terminale
de la plante-mère, vivant par elle jusqu'au moment de la
fécondation, époque à laquelle ils s'isolent dans l'intérieur
du sac ovulaire; devenant dès lors des enfans plantes, et se
nourrissant, par les pores de toute leur surface, du fluide
endospermique, dans lequel ils nagent; offrant déjà cette
ligne médiane ou point de départ qui sert à distinguer les
deux systèmes d'organes dont se compose l'être végétal, systèmes qui semblent, pour ainsi dire, n'avoir d'autre contact
que d'être posé base à base. Ces corps reproducteurs, destinés à se détacher de leur mère et à aller former plus loin une
aggrégation nouvelle, n'appartiennent qu'aux seuls végétaux
appendiculaires, et, comme le dernier et le plus important
produit de la végétation, ils sont abrités par plusieurs enveloppes protectrices, telles que les tuniques propres, l'arille,
le péricarpe, et même quelquefois par certains involucres
péricarpiens (celui hérissé de la châtaigne, par exemple).

Ces embryons-libres et fécondés, qui n'éprouvent point d'interruption, dans leur développement, sous les climats chauds et humides qui favorisent sans cesse la végétation, commencent leur troisième et dernière vie dès qu'ils sont isolés de leur mère et confiés au sol, et, même assez souvent, on les voit au sein des fruits encore attachés sur la plante où ils ont pris naissance, continuer de croître et produire, en cet état vraiment pittoresque, des feuilles, des fleurs et des fruits (voyez Tabl. ii, *bis*, fig. 3). C'est cette troisième époque de la végétation que l'on a désignée sous le nom de germination.

GERMINATION, fig. *a*, *b*, *c* et *d*, dépendantes de la fig. 3.

Premier mouvement ou première élongation végétale des systèmes inférieur et supérieur d'un embryon isolé de sa mère, rendu à lui-même et au sol. La germination offre deux modes remarquables : dans le premier (fig. *b*), les feuilles cotylédonaires, ayant reçu tout leur développement sous les tuniques de la graine, restent sous la terre, *b'*, s'y flétrissent et se dessèchent près du point où elles ont pris naissance (le haricot, la capucine); dans le second (fig. *a* et *c*), ces mêmes feuilles cotylédonaires, en conservant la faculté de croître et de verdir, s'éloignent de la ligne médiane au moyen d'une première élongation aérienne, ou d'un premier mérithalle, en *c″* et *a‴*, qui les exhausse au-dessus du sol (fève, rave). Le premier de ces modes est dit hypogé, et le second épigé; et, dans ce dernier cas, le mérithalle, compris entre l'insertion des cotylédons et la ligne médiane, a reçu le nom de tigelle.

TIGELLE, fig. *c* en *c″* et fig. *d* en *d″*.

On est convenu de distinguer par le nom de *tigelle* cette première élongation ou ce premier mérithalle du système axifère supérieur du végétal appendiculaire (fig. *c*, *c″*), compris entre la ligne médiane et l'insertion des feuilles cotylédonaires ou *protophylles*. Il ne faut pas confondre, comme cela arrive quelquefois, la tigelle avec cet autre espace (fig. *b* en *b″*), qui sépare les cotylédons hypogés, *b'*, des feuilles que l'on nomme primordiales, *b‴*.

Les embryons-fixes ou bourgeons présentent aussi quelquefois des tigelles entièrement analogues à celle des embryons-graines, lorsque leur premier mérithalle exhausse et éloigne, du point où elles sont nées, les écailles les plus inférieures. Certaines tigelles gorgées de suc, mais appartenant rigoureusement à la partie aérienne, n'en ont pas moins été comprises parmi les racines : telles sont celles qui produisent la rave (fig. *d* en *d'*), le navet et beaucoup d'autres semblables.

Fig. 1, ... 2, ..., *a*. . . . . ., *b*. . . . . . ., *c. Crategus oxyacantha*, *d. Vinca rosea.* 3, *Evonymus Europæus*, *a*. germination d'une plante monocotylédone, *alisma plantago*, *a'*. ligne médiane, *a"*. cotylédon épigé soudé en gaîne, *a'"*. tigelle; *b*. germination d'une plante polycotylédone, *galega*. . . . . . , *b'*. ligne médiane près de laquelle se sont desséchés les cotylédons hypogés, *b"*. premier mérithalle non comparable à celui que l'on nomme tigelle, *b'"*. feuilles primordiales ; *c. Raphanus sativus*, *c'*. ligne médiane, *c"*. premier mérithalle ou tigelle qui élève les cotylédons au-dessus du sol, *c'"*. feuilles cotylédonaires ; *d*. id., *d'*. ligne médiane, *d"*. produit de la tigelle, *c"*. ci-contre.

SYSTÈME INFÉRIEUR.

Le système inférieur des végétaux appendiculaires manque du troisième moyen de reproduction : il se borne aux embryons-latens et aux embryons-fixes.

Fig. 1, Points vitaux ou embryons-latens. 2, Embryons-fixes se développant en chevelu.

EXPLICATION DES TABLEAUX.

DEUXIÈME PARTIE.

TABLEAU I.

ORGANES ÉLÉMENTAIRES.

Organes élémentaires, vus au microscope, isolés par déchirement de la masse organique du végétal.

1. Tissu cellulaire poreux. Les pores des cellules, découverts par M. Mirbel, sont, selon cet habile observateur, bordés le plus souvent d'un petit anneau, et ils servent probablement à la circulation des fluides dans le végétal.

2. cellules plus allongées. On observe sur celles-ci des pores et des fentes produits par la réunion de plusieurs pores : M. Mirbel pense que c'est ainsi que commence la formation des trachées.

3. tissu cellulaire ligneux. Cette modification du tissu, qui consiste en cellules très-allongées, coupées, à des distances plus ou moins éloignées, par des diaphragmes transversaux, forme la partie ligneuse des végétaux : on ne la trouve point dans l'état herbacé du même végétal, qui la présente plus tard. Tout porte à croire que les cellules ne croissent point en largeur, et que leurs parois latérales se durcissent, tandis que les parois transversales se détruisent pour la plupart. On explique ainsi, d'une manière très-satisfaisante, comment les cellules semblent être devenues tellement allongées, qu'on a pu leur donner le nom de *tube*, et l'on se rend compte également de la facilité qu'on éprouve à fendre le bois en longueur et non en largeur. Les traces des pores, observées par M. Mirbel sur le tissu ligneux, prouvent encore que ce tissu n'est qu'une modification des cellules proprement dites ou primitives, représentées par la figure 1.

4. la même modification plus serrée.

16ᵉ. *Livraison.*

5. TUBE POREUX. On voit que le tissu cellulaire, en devenant ligneux, ne forme point de lignes droites, pas même dans les monocotylédones, mais des rameaux qui produisent par leur réunion cette espèce de *lacis*, que l'on remarque, à l'œil nu, sur la coupe longitudinale d'un morceau de bois.

6. Tronçon du même TUBE, extrêmement grossi, pour faire voir les pores et les bourrelets dont nous avons parlé plus haut.

7. TUBE POREUX commençant à se convertir en trachée.

8. Tronçon du même TUBE, pour montrer que les fentes produites, comme il a été dit, par la confluence de plusieurs pores, sont, comme ceux-ci, bordées par des bourrelets.

9. TRACHÉE A SIMPLE SPIRALE.

10. TRACHÉE A DOUBLE SPIRALE.

11. TUBE MIXTE, qui nous présente, en *a*, de simples pores; en *b*, des fentes ou réunions de pores, et, en *c*, le commencement d'une trachée; prouve ici, comme partout ailleurs, que la nature ne reconnaît aucune de nos distinctions imaginées pour la mettre à la portée de notre faible conception.

12. Autre TUBE MIXTE rameux, présentant des pores simples, des fentes, un commencement de trachée, et enfin des étranglemens, comme dans les vaisseaux en chapelet.

13. VAISSEAUX EN CHAPELET OU MONILIFORMES, poreux et rameux [1].

Obs. Ne perdons pas de vue que toutes ces modifications, auxquelles on a attaché des noms particuliers, afin d'en faciliter l'étude, ne sont jamais isolées dans la nature, et qu'elles font toujours partie intégrante de la masse organique du végétal, auquel elles appartiennent.

Les figures qui composent ce tableau sont entièrement empruntées des excellens ouvrages de M. Mirbel; toutes celles qui suivent sont originales, faites d'après nature ou d'après les dessins de mes voyages, ce qui revient au même.

---

[1] L'être le plus composé n'est, pour ainsi dire, qu'une aggrégation d'êtres plus simples que lui. C'est ainsi que cette modification de tissu, que l'on a sous les yeux, représente exactement ces végétaux simples et, en quelque sorte, élémentaires, auxquels on a donné les noms de *monilia*, de *torula*, de *ceramium*, et, en général, de tous ceux qui ne se composent encore que d'une seule série de cellules poreuses placées bout à bout et distinctes, comme celles de notre figure 13, par des diaphragmes transversaux (voyez Tabl. IV (*bis*), fig. 5, *a*, *b*, *c*, *d*).

TABLEAU II.

Organisation végétale.

On est depuis longtemps d'accord sur l'accroissement en longueur des végétaux; mais il n'en est pas de même de celui qu'ils acquièrent en grosseur : on avait cru et on croit encore, d'après les belles observations de Duhamel, qu'un suc mucilagineux, nommé *cambium*, en suintant entre l'écorce et le bois, s'y organisait et y formait une nouvelle couche, qui, en se joignant à celles des années précédentes, suffisait seule à l'augmentation, en diamètre, des végétaux.

M. Aubert du Petit-Thouars a depuis démontré que cette augmentation est produite par les nombreuses fibres, pour ainsi dire, radiculaires, que les bourgeons ou embryons-fixes, à mesure qu'ils deviennent des rameaux, laissent échapper inférieurement entre le bois et l'écorce, où, à l'aide du *cambium*, ils s'anastomosent et forment de nouvelles couches.

Depuis long-temps je savais, par mes propres observations, que tout végétal rameux ou simplement muni de feuilles, grossissait; que cette augmentation avait lieu, et qu'elle était toujours en rapport avec le nombre et la grandeur des feuilles, le nombre et la force des rameaux que produisait chaque plante; je voyais que les dicotylédones, éminemment rameuses, étaient aussi celles dont le diamètre augmentait le plus, tandis qu'à côté les monocotylédones, le plus souvent réduites à la tige principale, grossissaient infiniment moins.

Un végétal qui ne présenterait ni feuilles ni rameaux latéraux ne ferait que s'allonger sans jamais acquérir en grosseur. Ce végétal n'existe point parmi les *appendiculaires;* mais on peut, jusqu'à un certain point, prouver ce que j'avance, en mettant sous les yeux les plantes qui appartiennent aux genres *cuscuta* et *cassyta*. On sait que ces plantes, presque dépourvues de feuilles et de rameaux, n'ont qu'une végétation simplement filiforme.

I. ASCLÉPIAS *fruticosa*, Lin. Coupe transversale d'une jeune branche : *a*, écorce; *b*, moelle; *d*, vaisseaux poreux;

e, vaisseaux propres, réunis en faisceaux. On n'a représenté ici qu'une portion d'une lame mince levée sur la coupe transversale de la branche : cette portion s'étend du centre à un point de la circonférence. Ainsi, pour se faire une idée juste de la coupe transversale entière, il faut compléter, par la pensée, le cercle autour de la partie *c*, qui en est le centre.

2. SALVIA *hispanica*, Lin. Coupe longitudinale d'un rameau : *a*, écorce ; *b*, bois. On distingue aisément dans l'épaisseur du bois les tubes poreux et des trachées ; *c*, moelle. On n'a représenté ici qu'une portion d'une lame mince levée sur la coupe longitudinale du rameau, et comprise entre le centre et un point de la circonférence. Il faut donc, pour compléter l'image de cette coupe, ajouter à la droite de *c* la répétition des parties *b* et *a*.

3. Portion, isolée par déchirement, d'un vaisseau qui présente des pores et des fentes : on remarque sur sa paroi extérieure quelques lambeaux du tissu dont il faisait partie.

4. FOUGÈRE *en arbre* (*cyathea arborea*). Coupe transversale et longitudinale d'un stipe, où l'on voit que le bois de ces végétaux présente deux sortes de tissus : en *a*, le tissu cellulaire, et, en *b*, le tissu ligneux ou vasculaire.

Obs. Cette singulière disposition, dans les fougères, du tissu ligneux, produit, sur la coupe transversale de la base des pétioles de notre *pteris aquilina*, une figure dans laquelle on a cru voir l'image d'un aigle à deux têtes.

5. CHOU-PALMIER (*areca oleracea*, Lin.). Coupe transversale et longitudinale d'un stipe. Cette modification des tissus paraît plus simple, en ne considérant que l'arrangement des tissus cellulaire et vasculaire, que celle qu'offre la coupe du stipe de la fougère figurée au-dessus : *a*, écorce ; *b*, traînées de tissu cellulaire, semblables à celles que l'on appelle rayons ou prolongemens médullaires dans les dicotylédones ; *c*, faisceaux de tubes formant la partie ligneuse de ces végétaux.

6. CHÊNE *commun* (*quercus robur*, Lin.). Coupe transversale et longitudinale d'un tronc. Dans cette modification, extrêmement éloignée de celle dont nous venons de parler, on voit, en *a*, l'écorce ; en *b*, cette masse considérable de jeune bois, que l'on nomme *aubier* ; en *c*, une autre masse, déjà réduite à l'état d'inertie, est le bois parfait ; en *d*, le

canal médullaire réduit, par le refoulement successif des couches du bois, à un simple point ; et, en *e*, les prolonge-mens ou rayons médullaires.

La moelle et ses rayons, observés dans les végétaux *appendiculaires* de l'ordre le plus élevé, représentent exactement une portion du tissu cellulaire ou primitif, plus ou moins ménagée par le tissu vasculaire qui la traverse.

Ce même tissu cellulaire, qui compose à lui seul la masse organique des végétaux *axifères* (végétaux qui, d'après cette considération, pourraient être regardés comme n'étant que moelle), reçoit peu à peu, et à mesure que l'on s'élève vers les espèces les plus compliquées, un autre tissu que l'on nomme vasculaire. Ce tissu, dont la présence annonce, dans les végétaux qui en sont pourvus, des nœuds-vitaux, des organes appendiculaires, des sexes, des embryons-fixes et des embryons-graines, s'établit toujours à la circonférence : dans les monocotylédons, peu considérables vers le centre, il s'y anastomose à peine dans le sens longitudinal ; caractère qui se retrouve dans les feuilles de ces plantes, et dans lesquelles plantes les deux tissus s'y trouvent à peu près en masse égale.

Dans les dicotylédons, le tissu vasculaire, allant toujours en augmentant, aux dépens du tissu primitif, absorbe presque à lui seul toute la masse des arbres, dans lesquels, comme je l'ai déjà dit, le tissu cellulaire ne se montre plus que dans cette partie que l'on a nommée improprement moelle, et dans les prolongemens lamelliformes et rayonnans de cette dernière.

Cette petite partie de tissu cellulaire, ménagée au centre des végétaux *appendiculaires* supérieurs, peut, selon les diverses espèces, se rétrécir par le refoulement successif des couches additionnelles du bois, ou conserver le diamètre qu'elle a reçu dans l'axe de l'embryon-graine, si la plante est venue de semence, ou dans celui de l'embryon-fixe, si elle provient de bouture.

7. CHÊNE *comunun* (*quercus robur*, Lin.). Feuille réduite au simple tissu ligneux, afin de bien faire connaître la manière dont il s'anastomose dans les végétaux, pour en former en quelque sorte la charpente.

8. DATURA *épineux* (*datura stramonium*, Lin.). Fruit

réduit au même état que la feuille représentée par la figure précédente.

Obs. Les figures 4, 5 et 6 donnent une idée de l'aspect que présentent, à l'intérieur, les diverses combinaisons des tissus dans les trois grandes divisions des végétaux, les *acotylédones*, les *monocotylédones* et les *dicotylédones*. Il est aisé de voir dans ces trois figures, malgré que les exemples aient été pris sur des points très-éloignés les uns des autres, dans la série naturelle, qu'elles n'offrent pourtant que de simples modifications, diversifiées seulement par l'arrangement divers des deux tissus. Il est bon de remarquer que si, dans la figure 5, le canal médullaire occupe tant d'espace, on y aperçoit en même temps des traînées de tissu cellulaire qui annoncent, dans ces végétaux, une tendance à la formation des rayons médullaires. Comme je l'ai déjà dit, ces trois exemples sont pris au milieu et aux extrémités du règne végétal : on doit, en raison des immenses intervalles qui les séparent, être étonné de retrouver encore de l'analogie entre eux. Que serait-ce si, partant du champignon, qui n'offre que le seul tissu cellulaire, nous suivions toutes les nuances établies par la nature dans le tissu organique des végétaux? Nous reconnaîtrions que là, comme partout ailleurs, il faut se défier de ces définitions arbitraires, par lesquelles on prétend assigner à chaque objet des caractères nettement tranchés ; que les livres seuls s'accommodent de toutes ces divisions entièrement désavouées par la nature ; qu'elles se détruisent, au moyen des nuances qui les lient, sous les yeux de quiconque les soumet au creuset de l'observation comparée, et qu'en disparaissant elles entraînent avec elles les prétendues anomalies, fruits de notre ignorance.

TABLEAU II (*bis*).

Dans ce tableau, on a représenté deux phénomènes de végétation : l'un (fig. 1) tend à prouver que la fleur, toute entière, n'est qu'un bourgeon terminé ; que ce bourgeon, comme ceux dont résultent les branches, se compose d'un axe et d'organes appendiculaires ou feuilles de la fleur ; et que cet axe, terminé par une sorte d'épuisement nécessaire au développement des embryons, peut, aux dépens des graines, lorsque les sucs nourriciers abondent en cette partie, continuer de s'allonger, et, en quelque sorte, reprendre des droits qu'il n'avait cédés qu'en faveur de la fructification.

Rien n'est plus commun que ces sortes de végétations, et rien en même temps n'est plus propre à nous éclairer sur la physiologie végétale. C'est surtout parmi les plantes cultivées et souvent nourries avec profusion, que l'on voit le plus communément ces petits rameaux abrégés ou épuisés, que l'on nomme *fleurs*, continuer de s'allonger au-delà de leur terme ordinaire ; c'est encore à cette tendance naturelle des végétaux à continuer de s'allonger, que nous devons ces roses prolifères, que tout le monde connaît, et qui, du sein de leurs pétales, donnent naissance, par prolongement de l'axe, à un autre rameau florifère, ou, pour être mieux entendu, à une autre fleur.

Cette poire, figurée et réduite à la moitié de sa grandeur naturelle, a été observée, par mon ami M. Poiteau, au potager de Versailles, en 1817. En la comparant aux autres fruits de l'arbre, naturellement développés, sa forme générale n'était point altérée, son volume était à peu près le même, l'aspect et la saveur de sa chair présentaient peu de différence ; mais ce qui était très-remarquable, c'est que l'endocarpe ou partie cartilagineuse des loges, de même que les graines, avaient entièrement disparu (fig. 2).

Fig. 1, *a*, folioles calicinales ; *b*, nœuds-vitaux ; *c*, embryons-fixes émanant des nœuds-vitaux.

L'autre phénomène (fig. 3) a pour but de faire connaître, 1°. que l'état de repos ou d'intermittence des embryons sous les enveloppes de la graine et du péricarpe n'est dû qu'aux circonstances environnantes ; 2°. que, dans les climats chauds et humides où la végétation est sans cesse favorisée, les embryons, en continuant de se développer, sans interruption, depuis le moment où ils en ont reçu le pouvoir, par la fécondation, jusqu'à celui où ils terminent leur vie, il arrive assez souvent de rencontrer, sur certains végétaux, des fruits de l'intérieur desquels s'échappent des embryons, qui, quoique chargés de feuilles, de fleurs et de fruits, restent malgré cela fixés, en vrais parasites, sur celui qui leur a donné naissance.

Plusieurs autres végétaux offrent également des embryons qui n'attendent point, pour continuer de se développer, qu'ils soient éloignés de leur mère et confiés au sol : ceux du *crinum asiaticum* végètent, pour la plupart, dans l'intérieur du fruit ; pareille chose arrive dans les oranges, les citrons, et surtout dans le fruit que l'on nomme *avocat* aux Antilles (*laurus persea*) ; mais l'un des plus curieux de ces sortes de développemens, est celui que présente le *rizophora mangle* (Tabl. xxxvi, fig. 6, 7 et 8). Cet embryon vivipare perce sa tunique propre et le péricarpe dans lequel il est contenu ; restant ensuite simplement engagé, par ses quatre feuilles cotylédonaires, dans l'intérieur du fruit, il continue en cet état de s'allonger en une massue radiculaire, pendante, et qui, avant de se détacher de la mère et de s'enfoncer, par son propre poids, dans la terre, acquiert quelquefois une longueur de quinze pouces.

TABLEAU III.

Racines.

La racine ou le système inférieur du végétal, étant beaucoup moins intéressante que le système supérieur, qui s'élève presque toujours dans l'air, a été long-temps négligée par les botanistes. On a donné le nom de racines à tout ce qui végétait sous terre ; de sorte que l'on confondait avec elles les tiges horizontales de la plupart des *fougères*, de quelques *graminées*, des *nénuphars* et de beaucoup d'autres plantes ; les productions mixtes et laciniées des *utriculaires*, du *trapa natans* (châtaigne d'eau), de quelques *renoncules aquatiques*, productions qui ne doivent leurs formes atténuées qu'au milieu dans lequel elles se développent ; le bourgeon bulbeux de l'*oignon ;* le tubercule du *cyclamen*, ceux des *orchidées terrestres ;* et enfin un grand nombre d'autres que je ne puis faire connaître ici, furent long-temps, faute d'observation comparée, rangées parmi les racines.

Le végétal, comme nous l'avons dit, se composant de deux systèmes d'organes, celui de ces systèmes qui, à partir de la *ligne médiane*, se développe et s'enfonce le plus ordinairement dans le sol, a reçu le nom de racines : ce système inférieur produit, comme le supérieur, des axes plus ou moins rameux ; mais toujours, tant qu'ils sont privés de lumière, ces axes restent dépourvus d'organes appendiculaires ;

le chevelu, que l'on a mal-à-propos comparé à des feuilles étiolées, n'est lui-même que la partie la plus terminale des axes radiculaires, et le produit des embryons-fixes ou bourgeons des racines.

Le pivot principal du système inférieur des plantes monocotylédones, qui est d'abord contenu dans une sorte d'étui (coléorhize, Mirb.), ainsi que toutes les radicelles qui en émanent, n'a qu'une très-courte durée, et subit, presque aussitôt qu'il est né, une sorte de *couronnement;* mais il est suppléé par un ample faisceau de racines latérales qui alimentent le végétal et persistent pendant toute sa durée.

Lorsque des racines se développent dans l'air, au-dessous des nœuds-vitaux, elles sont toujours grêles et presque entièrement dépourvues de rameaux articulés. Ce genre de production nuit à l'accroissement en grosseur du végétal, parce que ces fibres radiculaires, destinées à s'étendre entre l'écorce et le bois, se trouvent détournées de leur direction intérieure et appelées au dehors.

1. RAVE (*raphanus sativus*, Lin.). Racine fusiforme, pivotante : *a*, oreillette produite par excoriation au moment où la tigelle prend de l'accroissement; *b*, produit de la tigelle.

2. POIRIER (*pyrus communis*, Lin.). Racine pivotante avec des rameaux articulés.

3. RADIS ROSE (*raphanus rotundus*). Racine pivotante, napiforme : *a*, oreillettes semblables à celles que présente la figure 1 ; *b*, produit de la tigelle. Il ne faut pas perdre de vue que toute la partie renflée de cette prétendue racine appartient au système supérieur.

4. FROMENT *cultivé* (*triticum vulgare*, Willd.). Racine fasciculée, capillaire, à pivot *tronqué.*

5. ASPERGE *commune* (*asparagus officinalis*, Lin.). Racine fasciculée, à pivot *tronqué.*

6. SCABIEUSE *tronquée* (*scabiosa succisa*, Lin.). Racine mordue ou tronquée, au pivot de laquelle suppléent des racines latérales, articulées : *a*, troncature du pivot.

7. SAXIFRAGE *granulée* (*saxifraga granulata*, Lin.). Racine chevelue, bulbifère, à bulbilles ou bourgeons écailleux (voyez en *a*).

8. ORCHIS *mâle* (*orchis mascula*, Lin.). Racine scrotiforme ou didyme : *a*, tubercule nouveau; *b*, tubercule de

l'année précédente; *c*. racines proprement dites ; *d*. base de la hampe.

9. ORCHIS *à larges feuilles* (*orchis latifolia*, Lin.). Racine palmée : *a*, tubercule nouveau ; *b*, tubercule de l'année précédente ; *c*, racines ; *d*, turion ou bourgeon comparable à celui que forment les tuniques de l'oignon.

10. SCEAU *de Salomon* (*polygonatum vulgare*, Desf.). Racine horizontale, progressive, articulée, fibreuse, comme géniculée : *a*, impressions produites par les vieilles hampes détachées ; *b*, hampe nouvelle accompagnée de quelques écailles ; *c*, racines articulées, latérales.

Obs. La prétendue racine du *sceau de Salomon* me paraît avoir de grands rapports avec celles des figures 8 et 9. Toutes les trois sont de vraies tiges ; mais, dans celle de la figure 10, les pousses annuelles persistent long-temps à la suite les unes des autres, tandis que, dans les deux autres, elles se détruisent chaque année ; de sorte qu'on n'en voit jamais que deux. Dans toutes, la racine pivotante a disparu et est suppléée par des racines latérales, qui partent immédiatement de la base du nouveau bourgeon.

11. ASPHODÈLE *rameux* (*asphodelus ramosus*, Lin.). Racine fasciculée, noueuse, à pivot *tronqué.*

12. MONOTROPA *uniflora*, Lin. Racine grumeleuse. Les racines de l'*epipactis nidus-avis* sont de ce genre.

13. CLUSIER ROSE, FIGUIER MAUDIT (*clusia rosea*, Lin.). Racine funiliforme, aérienne.

Obs. Une chose fort remarquable, c'est que ces longues fibres radicales, filiformes, qui naissent à l'extérieur d'une plante parasite (jamais sarmenteuse), et qui descendent jusqu'à terre d'une élévation de quatre-vingts à cent pieds, ne croissent en grosseur que lorsqu'elles ont atteint le sol : dès qu'elles y sont fixées, elles développent dans la terre des racines latérales, et, dans l'air, des rameaux ; leur accroissement devient alors si rapide, qu'elles ne tardent pas, en s'entregreffant, à étouffer leur protecteur, et à lui former une sorte de cercueil, dans lequel il demeure enfermé, sans s'altérer, pendant plusieurs siècles.

Cette plante parasite, qui, pendant quelques années, placée sur la branche d'un grand arbre, représente assez bien, par sa masse arrondie, notre gui, devient, au moyen de la soudure des longues racines aériennes dont je viens de parler, un arbre du premier ordre. En cet état, on est presque toujours certain que son noyau est formé par le grand arbre sur lequel elle a d'abord vécu, qu'elle a orné de ses belles et grandes fleurs rosées, de ses fruits étoilés, lorsqu'ils sont ouverts, et des graines couleur de feu qu'ils contiennent.

Lorsque j'habitais l'île de la Tortue, près Saint-Domingue, où j'étais allé pour y étudier la végétation, je fus témoin du fait suivant : M. de Labatu, propriétaire de l'île, et chez lequel je demeurais, avait devant sa porte un *clusier rose* d'une grosseur et d'une beauté prodigieuses ; cet arbre, qu'un curieux aurait payé au poids de l'or, fut condamné à être coupé, parce qu'il donnait trop d'ombrage et qu'il attirait un grand nombre d'insectes. Les nègres charpentiers, après avoir enfoncé leurs cognées dans le bois blanc, tendre et poreux du *clusier*, furent tout à coup étonnés d'éprouver une grande résistance : au centre se trouvait, sans qu'il soit possible de dire depuis combien d'années, un très-gros *acajou moucheté* (*swietenia mahogoni*), que M. de Labatu fit débiter, et qui se trouva d'une très-bonne et belle qualité.

TABLEAU IV.

Tubercules, bulbes, hampes, chaumes, troncs, stipes.

I. CYCLAMEN *d'Europe* (*cyclamen Europæum*, Lin.). Cette masse charnue, homogène, à laquelle les botanistes ont donné le nom de tubercule, et qu'on nomme vulgairement pain de pourceau, dans la plante dont il s'agit, est une tige raccourcie et déprimée : les racines sont situées sur les côtés de la partie inférieure ; l'assemblage de feuilles et de fleurs que l'on voit au-dessus, est le produit d'un bourgeon tout à fait semblable à celui que forme l'assemblage des tuniques placées sur le plateau de l'oignon (voyez la fig. 2).

2. OIGNON (*allium cepa*, Lin.). Racine bulbeuse, tuniquée. L'oignon consiste en un gros bourgeon dont les premières feuilles à base charnue, formant gaîne, et se recouvrant les unes les autres, naissent du sommet conique d'une tige réduite à l'état rudimentaire, tronquée inférieurement, et laissant échapper latéralement des racines. Cette tige, indiquée par la lettre *a*, est analogue à la masse charnue représentée dans la figure précédente.

3. LIS *blanc* (*lilium candidum*, Lin.). Racine bulbeuse, écailleuse. Cette prétendue racine n'est qu'une modification compliquée de la précédente structure ; elle offre, comme elle, une tige rudimentaire, tronquée inférieurement, et donnant naissance à des racines latérales ; mais au lieu d'un petit nombre de bourgeons latéraux, renfermés tous ensemble dans des gaînes pétiolaires, celle-ci en produit un grand nombre libres entre eux et placés les uns au-dessus des autres, comme les tuiles d'un toit. La lettre *a* indique la partie inférieure de la tige.

4. BANANIER *figue* (*musa sapientum*, Lin.). Cette figure représente ce que les botanistes ont désigné sous le nom de *hampe*. Cette hampe, qui n'est autre chose qu'un pédoncule ou un rameau florifère, tout à fait semblable au support des fleurs de la jacinthe ou de toute autre liliacée, est naturellement renfermée au centre d'un oignon *colomniforme*, que l'on a quelquefois, faute d'attention, pris pour une tige. Nous avons enlevé à dessein cette fausse tige produite par l'enroulement des gaînes pétiolaires des feuilles, afin de bien faire connaître la véritable structure de ce végétal et son analogie complette avec l'oignon : comme, dans celui-ci, on voit, en *a*, la tige convexe, supérieurement tronquée, et portant des racines latérales inférieurement ; en *b*, les bases pétiolaires des feuilles (tuniques de l'oignon), et enfin la *hampe* (rameau florifère), sur laquelle on distingue une feuille rudimentaire, des fruits ; et, en *c*, un bourgeon (popote des créoles) contenant, sous chacune des grandes écailles colorées qui le composent, de petits rameaux florifères.

La hampe est un rameau terminal ou le plus souvent axillaire, uniflore ou multiflore, qui se développe sur les plantes dont la tige principale est déprimée et, pour ainsi dire, cachée sous la terre : l'oignon et le pissenlit en offrent des exemples. Ces sortes de rameaux sont remarquables, en ce que leur premier *mérithalle*, ou entre-nœuds, est ordinairement très-long ; ce qui a fait croire à quelques botanistes que le caractère de la hampe résidait dans l'absence des feuilles ; ces botanistes peu versés, sans doute, dans la *phytognomie*, ou connaissance des parties qui constituent le végétal en général, ignorant que, dès qu'il naît plus d'une fleur sur une hampe, elle cesse d'être *uni-axifère ;* que toutes les fleurs, à l'exception de la terminale, représentent des rameaux terminés ; et que chacune d'elles émane d'un *nœud-vital*, qui toujours ou presque toujours est bordé par une feuille plus ou moins développée.

5. ROSEAU *à quenouille* (*arundo donax*, Lin.). Chaume des botanistes. Le chaume des graminées n'est au fond qu'une vraie tige, qui ne diffère point essentiellement de celles des autres végétaux. Si on compare le chaume à une tige de dicotylédones, on voit que, comme elle, il produit à la suite de la germination, de distance en distance, des nœuds-vitaux, qui ne sont que la suite de celui qui portait les feuilles cotylédonaires ; que sur ces nœuds-vitaux, dont la disposition alterne et distique est invariable dans les graminées, naissent les feuilles ainsi que les bourgeons qui reposent dans leurs aisselles ; que ces bourgeons, nuls ou presque nuls dans la famille des cypérées, manquent rarement dans celle des graminées ; qu'ils se développent en rameaux dans un grand nombre d'espèces des climats chauds (les bambous et autres), et produisent, par ces développemens, un accroissement en grosseur dans ces végétaux.

Le vide que l'on remarque dans l'axe de la tige des graminées est un canal médullaire dont la moelle ou tissu cellulaire est détruit.

La canne à sucre, dans laquelle cette lacune n'existe pas, fournit, ainsi que beaucoup d'autres, une preuve de ce que j'avance. La lettre *a* de cette figure montre les bourgeons et leur situation alterne et distique ; *b*, quelques diaphragmes ou débris de la moelle ; *c*, sorte de bride, formant un nœud-vital, qui détermine la naissance d'un nouvel être.

6. CHÊNE *commun* (*quercus robur*, Lin.). Tronc d'une dicotylédone, ou plante à deux feuilles cotylédonaires.

7. Cette figure représente une plante monocotylédone, étroitement embrassée par une dicotylédone qui lui forme une sorte de manteau : la première, qu'on distingue en *b*, est le tronc ou plus exactement le stipe d'un palmier (*areca oleracea*, Lin.) portant au sommet le commencement d'une colonne verte (dite chou), sorte de bourgeon tout à fait semblable à celui de la fausse tige des bananiers, et offrant, à la base de cette colonne, un rameau spathellé et multiflore, *c*, (spadix), qui était d'abord contenu dans une spathe. La liane ou plante volubile qui entoure ce palmier, et qui est

distinguée par la lettre *a*, est une espèce de *bauhinia* dont les tiges et les rameaux se sont entregreffés de manière à former un fourreau fenêtré.

Si les palmiers acquièrent peu de grosseur, depuis l'instant où leur tronc commence à s'élever au-dessus du sol, ne doit-on pas en attribuer la cause à l'avortement des bourgeons dans l'aisselle des feuilles? Suivant l'ingénieuse théorie de M. Aubert du Petit-Thouars, ces bourgeons ne se développant point en branches dans l'atmosphère, ne peuvent, par cette raison, rien produire de leur partie inférieure pour contribuer à l'augmentation du tronc en grosseur.

Nous avons été témoins, M. Poiteau et moi, que de jeunes chou-palmiers (*areca oleracea*, Lin.), plantés en allée sur l'une des places de la ville du Cap (île Saint-Domingue), d'abord gros comme la jambe, avaient acquis, au bout de quatre ans, un tiers de plus en grosseur.

On doit conclure de cette observation qu'à la vérité les palmiers acquièrent moins en diamètre que les plantes dicotylédones, mais que c'est une erreur de dire qu'ils ne grossissent point, et d'en faire un caractère de cet ordre de végétaux.

8. PTERIS *aigle impérial* (*pteris aquilina*, Lin.). Tige horizontale, écailleuse, terminée par un bourgeon roulé en volute, et donnant naissance à des feuilles alternes, qui se redressent par l'effet de la végétation, ainsi qu'à des racines situées sous chaque feuille.

9. NARCISSE *des poètes* (*narcissus poeticus*, Lin.). Coupe verticale d'une racine bulbeuse, tuniquée, dans laquelle on distingue, en *a*, la tige; en *b*, la troncature de la partie principale de la racine ou du pivot; en *c*, les racines latérales ou suppléantes, et, en *d*, la hampe ou rameau florifère.

TABLEAU IV (*bis*).

Fig. 1 et 2, végétaux composés ou *appendiculaires*, isolés de la terre et dépouillés de leurs organes appendiculaires. On a eu l'intention, en représentant ces figures, de faire connaître, en *a*, la *ligne médiane* ou point d'union des deux systèmes d'organes dont se composent la majeure partie des végétaux; *b*, système inférieur ou terrestre; *c*, système supérieur ou aérien. La fig. 1 offre un végétal dans sa situation naturelle; la fig. 2 présente le même dans une situation contraire, afin de mettre en rapport la ligne médiane et les deux systèmes des végétaux avec ceux des animaux.

Les fig. 3, 4, 5, 6 et 7 offrent des exemples de végétaux simples ou *axifères*, et les fig. 8 et 9 montrent, la première, le tissu primitif ou cellulaire des végétaux simples ou *axifères*, et l'autre le tissu cellulaire-vasculaire des végétaux composés ou appendiculaires.

3. SCLEROTIUM *semen* (Pers.) : *a*, commençant à se former ; *b*, développés et de grandeur naturelle ; *c*, système supérieur, formant ce végétal tout entier ; *d*, système inférieur presque nul ; *e*, coupe verticale pour faire voir que ces végétaux, qui se reproduisent immédiatement de la matière en décomposition, n'ont point encore de corps reproducteurs.

4. TREMELLA. Espèce nouvelle de Saint-Domingue.

5. TORULA *fructigena* (Pers.) : *a*, portion d'épiderme détachée d'une poire gâtée, sur laquelle on voit un grand nombre d'individus réunis en houpe ; *b*, pore épidermique par lequel la matière du fruit est sortie pour se réorganiser ; *c*, individus articulés ou plutôt composés d'un certain nombre de cellules placées bout à bout ; *d*, quelques-uns de ces individus grossis et dont les cellules se désarticulent [1].

6. AGARICUS *cyaneus* (Bull.) : *a*, axe ou thallus ; *b*, conceptacles des corps reproducteurs ; *c*, lames séminifères.

7. GIGARTINA *articulata* (Lam[x].), *fucus articulatus* : *a*, système inférieur réduit à un simple épatement.

SUITE DU **TABLEAU IV** (*bis*).

Dans ce tableau, comme son titre l'annonce, on a désiré,

---

[1] Ces vaisseaux composés d'une suite de cellules posées bout à bout, auxquels on a donné le nom de vaisseaux en chapelet (Tabl. I, fig. 13), étant isolés de la masse organique d'un végétal, représentent exactement tous ces petits végétaux, en quelque sorte élémentaires, moniliformes, ou bien encore les poils cloisonnés, qui forment certains stigmates plumeux, et, en général, tous ceux également cloisonnés, qui s'échappent de toutes les parties de la surface épidermique du système aérien (voyez Tabl. V, fig. 3, et Tabl. XXII, fig. 5, *b*).

Je pense que tous ces petits êtres sont totalement privés de la faculté de se reproduire par eux-mêmes, et que les cellules qui les composent, en se détachant les unes des autres, ne sont pas plus susceptibles de donner naissance à un nouvel être, que celles, par exemple, que l'on isolerait de la masse organique d'un végétal plus composé. Une cellule qui a reçu tout son développement ne peut plus que se désorganiser.

par les fig. 1, 2, 3 et 4, fixer les idées sur les *nœuds-vitaux* des systèmes aérien et terrestre des végétaux appendiculaires, faire en même temps connaître les divers modes qu'ils offrent constamment dans leurs situations relatives, et, par les fig. 5, 6, 7 et 8, démontrer quelques-unes des modifications que présentent dans leurs développemens les embryons-fixes qui en émanent, et qui, comme l'on sait déjà, constituent le deuxième moyen de reproduction des végétaux composés ou appendiculaires.

1. Nœuds-vitaux alternes, distiques : *a*, nœud-vital; *b*, bases engaînantes des feuilles, bordant les nœuds-vitaux; *c*, embryon-fixe.

2. *Idem.* Alternes en spirale : *a*, nœuds-vitaux; *b*, embryons-fixes.

3. *Idem.* Opposés par couple : *a*, nœuds-vitaux; *b*, embryons-fixes.

4. Nœuds-vitaux du système inférieur ou terrestre, toujours alternes en spirale : *a*, nœuds-vitaux; *b*, légers appendices ou feuilles rudimentaires que l'on aperçoit seulement sur les racines qui se gorgent de suc et de substance amilacée; *c*, pores corticaux; *c'*, pédicule ou partie de la racine dans laquelle l'engorgement n'a point eu lieu.

5. *a*, Tige ou axe; *b*, canal médullaire et moelle dans un état de désorganisation : ce qui prouve là, comme partout ailleurs, que, dans les végétaux, la vie se réfugie et se concentre dans le tube extérieur, qui seul tend, sans cesse, à se réparer lorsqu'on le désorganise; *c*, nœuds-vitaux excessivement rapprochés vers cette partie terminale de l'axe, et disposés alternativement en spirale (alvéoles); *d*, feuilles rudimentaires bordant les nœuds-vitaux; *e*, rameaux florifères émanant d'un nœud-vital et de l'aisselle des feuilles rudimentaires.

6. *a*, Premier axe de cette figure; *a'*, second axe faisant partie de l'embryon-fixe, développé en scion allongé; *b*, nœuds-vitaux qui ont servi de conceptacles aux embryons-fixes; *c*, feuilles dépendant du premier axe; *c'*, feuilles rudimentaires, écailleuses, ou cotylédons des embryons-fixes; *c"*, feuilles développées de l'embryon-fixe, devenu un second axe ou second degré de végétation.

7. *a*, Premier axe de cette figure; *a'*, second axe ou embryon-fixe dépourvu d'organes appendiculaires et développé

en scion avorté; *b*, nœud-vital; *c*, feuille dépendant du premier axe et bordant le nœud-vital; *c'*, stipules ou feuilles supplémentaires.

8. *a*, Premier axe de cette figure; *a'*, second axe ou embryon-fixe florifère, scion terminé par l'organe stigmatique en *a'*; *b*, nœud-vital qui a servi de conceptacle à l'embryon-fixe dont nous venons de parler; *c*, feuille et stipule dépendant du premier axe; *c'*, feuilles réduites, avec lesquelles on compose les calices; *c''*, feuilles réduites et pétalées qui servent à former les corolles; *e*, parties entièrement analogues à celles dont nous venons de parler, mais qui donnent naissance, à leur sommet, à des boîtes anthérifères.

TABLEAU V.

Pores, poils, glandes, sucoirs, aiguillons, épines, vrilles, bourgeons, exostoses.

1. LAVANDE *à larges feuilles* (*lavandula latifolia*, Lin.). Portion d'épiderme, vue au microscope, sur laquelle on distingue, en *a*, les glandes miliaires percées d'un pore; en *b*, des poils rameux produits par expansion de l'épiderme.

2. Poils simples.

3. Poils comme articulés, moniliformes, cloisonés, composés de plusieurs cellules posées bout à bout.

4. CROTON *cascarille* (*croton cascarilla*, Lin.). Poils étoilés ou fasciculés.

5. CROTON *pénicellé* (*croton penicillatum*, Vent.). Poils rameux, terminés par des glandes visqueuses.

Obs. Les poils, au sommet desquels on voit presque toujours une gouttelette de liqueur, annoncent qu'ils ne sont, comme les glandes, que le bord d'un pore qui s'allonge en poil ou s'épaissit en glande. Quelques plantes de cette famille, les *euphorbiacées*, telles que les *glochidions*, présentent, principalement sur la face inférieure de leurs feuilles, un grand nombre de petites plaques peltées, fimbrillées en leurs bords, percées d'un pore au centre, qui ne sont autre chose qu'un commencement ou l'ébauche des poils étoilés (fig. 4).

6. MIMOSA. Glande cupulaire, sessile.

7. INGA *ailé* (*inga vera*, Willd.). Glande cupulaire, stipitée, au sommet de laquelle on remarque une goutte de liqueur.

8. CASSE *à grandes fleurs* (*cassia grandiflora*). Glande conique.

9. CUSCUTE *à petites fleurs* (*cuscuta minor*, Bauh.; *cuscuta Europœa*, Lin.) : *a*, suçoirs.

Obs. Ces organes, dont la forme et la situation, dans les *cuscutes*, rappellent parfaitement les *ventouses* placées le long des bras ou tentacules des *poulpes* et des *seiches*, ont beaucoup de rapports avec les glandes : comme celles-ci, les suçoirs présentent dans leur centre une bouche ou un pore ; mais ils diffèrent des glandes en ce qu'ils sont aspirans et doués d'une forte succion, que leur bourrelet est une spongiole qui représente l'extrémité d'une racine très-raccourcie, et qu'au lieu de servir à jeter au dehors l'excédent des fluides du végétal, comme le font la plupart des glandes, des poils et des pores, ils absorbent au contraire ceux destinés à son entretien.

10. PALMIER *cro-cro* (*bactris major*). Aiguillon détaché du tronc ou stipe. Ces aiguillons sont noirs, luisans et très-durs : les pétioles communs et les spathes de ce végétal en sont également pourvus.

Obs. M. Desvaux, dans un opuscule très-remarquable (*Nomologie botanique*), paraît ignorer qu'une plante monocotylédone peut donner naissance à des aiguillons, puisqu'il énonce ainsi sa dix-neuvième loi : « *Toute plante ou arbre pourvu d'aiguillons est dicotylédone.* » L'auteur, n'ayant point voyagé dans la patrie des palmiers, pouvait bien ne point connaître l'existence des aiguillons dont un assez grand nombre de ces végétaux sont armés ; mais il ne pouvait en être de même de ceux que présentent les *smilax*.

11. ROSE *de chien* (*rosa canina*, Lin.). Aiguillons caulinaires, réfléchis. On en a détaché un, afin de faire connaître que ces organes n'adhèrent qu'à l'épiderme, dont ils ne sont qu'une simple expansion, dans laquelle abonde le tissu cellulaire.

12. ZANTHOXYLUM *à gros aiguillons* (*zanthoxylum clava-herculis*, Lin.). Aiguillon caulinaire, conique.

13. BOMBAX *ceiba*, Lin. Aiguillon caulinaire, conique, réfléchi.

14. SABLIER *élastique* (*hura crepitans*, Lin.). Aiguillons caulinaires, coniques, légèrement réfléchis, à base élargie.

15. NÉFLIER *aubépine* (*mespilus oxyacantha*, Lin.). Épine simple, caulinaire et axillaire. Dans ce cas, elle est un rameau avorté.

16. FÉVIER *à grosses épines* (*gleditsia ferox*, Lin.). Épine rameuse, caulinaire.

17. CACTUS *mélocacte* (*cactus melocactus*, Lin.). Épines fasciculées, caulinaires.

Obs. Il est presque impossible de décider si les piquans des *cactes* sont des aiguillons ou des épines. C'est ainsi que tous les organes des êtres vivans, étudiés comparativement, se trouvent liés par des nuances insensibles, et qu'ils repoussent toutes les définitions que nous cherchons à leur appliquer.

Je ne puis m'empêcher de transcrire ici une très-courte observation de M. Mirbel, et qui renferme, en quelque sorte, toute la science philosophique des végétaux : « Il n'y a pas de limite bien certaine entre les épines et les aiguillons, il n'y en a pas davantage entre les aiguillons et les poils. Les nuances infinies qui, dans tout le règne végétal, unissent les différens organes, contrarient sans cesse la rigueur de nos définitions : c'est ce qu'il faut bien entendre pour ne pas être la dupe des livres. »

Ce principe, appliqué seulement ici à la science des végétaux, prouve combien l'auteur, dégagé de tout ce qui vient des hommes, a observé et profondément médité son sujet dans la nature même, et combien il sent qu'il n'est d'autre étude digne du penseur, que celle qui a pour but la connaissance des analogies, connaissance qui tend à rattacher sans cesse les parties au tout.

Ce grand principe fondamental, auquel la nature toute entière est soumise, repousse et détruit toutes nos distinctions de bon et de méchant au moral, de long et de court au physique, dès que sérieusement nous voulons remplir, par les innombrables modifications, l'espace qui sépare ces extrémités.

18. CYPRÈS *chauve* (*cupressus disticha*, Lin.; *schubertia disticha*, Mirb.; *taxodium distichum*, Rich.). Exostose radicale, pyramidale.

Obs. L'exostose peut se développer sur toute la partie ligneuse des végétaux ; elle a quelques rapports avec l'épine : comme celle-ci, elle est une dépendance du tissu ligneux, qui, pour les former l'une et l'autre, semble saillir et se replier.

19. ROBINIA *faux acacia* (*robinia pseudo-acacia*, Lin.). Épines stipuléennes, biparties, latérales.

20. GROSEILLIER *à maquereau* (*ribes uva-crispa*, Lin.). Épines stipuléennes, triparties, inferaxillaires.

Obs. On a eu tort d'assimiler les piquans de quelques espèces de groseilliers aux stipules endurcies et spinescentes du robinia faux acacia : l'analogie et la situation relative de celles-ci nous prouvent qu'en effet ces organes ne sont rien autre chose ; mais il n'en est pas de même dans les groseilliers, dont le plus grand nombre des espèces qui composent ce genre sont dépourvues de stipules : leurs piquans sont tout simplement des expansions, sortes d'exostoses qui, par leur situation, ne peuvent être ni des feuilles ni des stipules, mais seulement des parties proéminentes et dépendantes des *nœuds-vitaux.* Il faut encore prendre garde de confondre, comme on le fait dans d'excellens ouvrages, ces productions, le plus souvent trifides, avec les piquans des épines-vinettes, qui sont de vraies feuilles spinescentes, molles et vertes dans leur jeunesse, élargies, munies de nervures médianes et à bords roulés en dessous dans quelques espèces. Une seule observation suffira pour démontrer que les piquans des groseilliers et ceux des vinetiers n'ont aucune analogie, malgré leur grande ressemblance de forme et de situation apparente.

Guidé par cette grande loi qui assujétit la presque totalité des organes *appendiculaires* à la situation alterne dans le sens longitudinal des tiges, il sera très-facile de s'apercevoir, en comparant la situation relative des épines des deux plantes dont il vient d'être question, qu'elles n'ont aucun point de ressemblance. Dans le groseillier, immédiatement au-dessus et opposé à l'épine simple ou trifide, paraît la vraie feuille, celle qui dépend du même axe qui produit le piquant, et celle en même temps qui représente rigoureusement la feuille spinescente des vinetiers. Si, partant de ces deux sortes de feuilles, dont l'une est laminée et lobée, tandis que l'autre est réduite à la nervure médiane endurcie, nous examinons les bourgeons ou embryons-fixes placés à l'aisselle de chacune d'elles, nous verrons que, dans l'un et l'autre, les feuilles les plus inférieures de ces bourgeons ont une situation latérale, relativement aux feuilles dans l'aisselle desquelles ils sont nés.

Une autre considération qui me paraît bien importante et qui en même temps vient à l'appui de la différence que je viens d'établir entre deux parties qui n'ont rien de commun, est que les piquans des groseilliers, qui n'ont point d'analogue dans les vinetiers, de trifides qu'ils sont vers la base des rameaux, se simplifient à mesure qu'ils s'élèvent vers le sommet, où enfin on les voit disparaître entièrement de la base des feuilles, qui continuent de se développer sans cet appendice inutile.

Il n'en est pas de même à l'égard de la feuille spinescente des vinetiers : comme organe plus important, elle ne disparaît point de cette manière, et c'est au contraire au sommet des rameaux qu'il faut aller étudier sa véritable forme et ses véritables fonctions.

21. VIGNE *cultivée* (*vitis vinifera*, Lin.). Vrille ou cirrhe oppositifoliée, pédonculéenne, multifide.

Obs. Les vrilles représentent toujours, sous l'état rudimentaire ou d'avortement, d'autres organes plus développés : c'est ainsi que le pétiole commun de quelques papilionacées et le *cobæa scandens*, les stipules des *smilax* et les bourgeons axillaires des *passiflores*, se convertissent en ces sortes d'organes filiformes, simples ou rameux, et plus ou moins susceptibles de se rouler autour des corps voisins. Il s'en trouve qui sont munis de suçoirs semblables à ceux que l'on remarque sur les tiges des *cuscutes*.

22. PTERIS *aigle impérial* (*pteris aquilina*, Lin.). Feuille très-jeune roulée en crosse, et recouverte d'écailles imbriquées.

23. CHOU-PALMIER (*areca oleracea*, Jacq.). Cette figure, où les folioles, pliées à la manière d'un éventail, contrastent avec celles de la figure précédente, représente une jeune feuille de palmier, celle qui occupe toujours le centre de l'ample faisceau qui couronne si majestueusement le *stipe* de ces végétaux, et à laquelle on donne le nom de flèche.

24. POIRIER *commun* (*pyrus communis*, Lin.). Bourgeon écailleux.

25. MAGNOLIER *à grandes fleurs* (*magnolia grandiflora*). Bourgeon enveloppé par deux stipules soudées.

26. **platane** *d'Orient* (*platanus Orientalis*, Lin.). Portion de branche représentant un nœud-vital entièrement entouré ou bordé par la base du pétiole de la feuille, dans l'intérieur duquel est né le bourgeon. Le *virgilia lutea*, Mich*., *Arb.*, offre également des bourgeons renfermés, pendant quelque temps, dans l'intérieur de la base renflée du pétiole.

Obs. Dans mon mémoire ayant pour titre : *De l'inflorescence des graminées et des cypérées, comparée avec celle des autres végétaux sexifères*, etc., lu à l'académie des sciences en sa séance du 19 avril 1819 [1], j'ai fait connaître que la disposition de la première écaille des bourgeons, c'est-à-dire de l'écaille la plus extérieure, présentait constamment trois modes distincts ; savoir :

1°. *Ecaille ou feuille rudimentaire, extérieure, interposée entre le bourgeon qui la porte et la tige de la plante à laquelle elle s'adosse.*

Toutes les plantes monocotylédones présentent ce premier mode.

2°. *Ecailles extérieures, latérales.* Elles peuvent être dans cette disposition alternes ou opposées, quelquefois soudées par leur base.

Le plus grand nombre des végétaux dicotylédons sont soumis à celui-ci.

3°. *Ecaille extérieure, regardant le pétiole de la feuille, dans l'aisselle de laquelle est né le bourgeon.*

Ce troisième mode, dont le caractère est diamétralement opposé à celui que présente le premier, est propre à beaucoup d'*amentacées*, peut-être à toutes. Dans les *saules*, cette première écaille enveloppe la totalité du bourgeon, et contraste plus tard d'une manière remarquable, par sa couleur brune et lisse, avec les écailles plus intérieures, qui sont soyeuses et d'un blanc argenté.

Obs. Ces trois modes existent dans la nature tels que je viens de l'énoncer : les caractères qu'ils présentent sont constans et peuvent être bons comme objets de signalement, et servir avec avantage dans les distinctions que nous avons besoin de faire dans l'étude des êtres ; mais, il faut l'avouer, ces caractères contrarient l'une des plus grandes lois de la végétation, et cachent en même temps une vérité philoso-

---

[1] *Mém. du Mus. d'hist. nat.*, tom. v.

phique qui serait bientôt dévoilée, si je ne me faisais moi-même un devoir de faire connaître que les écailles extérieures des premier et troisième modes, toujours bicarénées, ne sont que le produit de deux écailles latérales, soudées en leurs bords intérieurs dans les monocotylédones, et à l'extérieur dans les amentacées : de sorte qu'il faut en conclure que ces écailles, en redevenant latérales, et conséquemment alternes, rentrent dans le second de ces modes, et restent d'accord avec la disposition alterne des feuilles dans le sens longitudinal des tiges, et qu'elles se conforment dès lors aux vœux de cette grande loi dont nous avons parlé plus haut.

TABLEAU VI.

ORGANES APPENDICULAIRES.

Feuilles.

Ces organes, ordinairement laminés, servent d'abord à protéger l'enfance des rameaux et des fleurs qu'ils contiennent dans leur aisselle, et ensuite à pomper dans l'atmosphère les fluides nécessaires à l'entretien du végétal, dont ils sont en même temps la parure la plus durable.

Le caractère essentiel de la feuille, comme organe appendiculaire, et que personne n'a encore présenté, consiste dans sa situation relative sur l'axe du végétal. Ainsi, toute partie qui n'appartient point au rameau-fleur, le plus souvent articulaire ; quelles que soient ses dimensions, sa forme, sa figure et sa consistance ; qui borde la partie extérieure d'un nœud-vital, est une feuille.

Les feuilles remplissant dans l'air les mêmes fonctions que le chevelu dans le sein de la terre, on peut dire de celui-ci qu'il forme des feuilles souterraines, et de celles-là qu'elles sont des racines aériennes : toutefois, il est utile de se rappeler que ces deux parties n'ont d'analogie que dans leurs fonctions seulement.

La disposition des feuilles sur les tiges fournit des caractères plus importans que la présence ou l'absence de l'organe lui-même ; car nous le voyons quelquefois disparaître, en allant de la base au sommet du végétal, tandis que les points d'insertion ou nœuds-vitaux, toujours bordés extérieurement par la base de la feuille, lorsqu'elle n'est pas avortée, sont invariables dans leurs dispositions. Ils présentent trois modes; savoir, *alterne en spirale, alterne distique et opposé.* Ces nœuds-vitaux sont la répétition de ceux que protègent les feuilles cotylédonaires de l'embryon.

Les nœuds-vitaux ne communiquent point avec la moelle; ils coupent, au contraire, le canal médullaire en autant de compartimens, et donnent naissance aux rameaux.

Ceux-ci doivent être considérés comme une suite de nouveaux êtres dont se compose, par exemple, l'ensemble d'un grand arbre : ils ont un canal médullaire qui leur est propre, et qui ne s'abouche jamais avec celui de la tige sur laquelle ils ont pris naissance. Ils peuvent se présenter sous quatre aspects différens, je veux dire qu'ils peuvent être *feuillés :* auquel cas, ils contribuent à augmenter la masse commune de l'arbre; ou *épineux,* lorsqu'ils avortent; ou *bulbifères,* quand ils se montrent, à l'aisselle des feuilles de plusieurs plantes monocotylédones, sous une forme plus ou moins sphérique [1]; ou enfin *florifères,* lorsqu'ils terminent la végétation; mais alors ils contiennent dans des cavités ovariennes certains corps destinés à reproduire la plante-mère.

Les feuilles varient infiniment par leurs dimensions, leurs figures et par leurs formes. A l'égard de leurs dimensions, on voit les feuilles passer insensiblement par tous les degrés, quand on observe successivement les soies qui accompagnent extérieurement chaque fleur dans l'inflorescence compacte des *synanthérées,* les bases pétiolaires et écailleuses (feuilles rudimentaires) des *asperges,* des *fragons,* des *xylophylla* et des *cuscutes ;* enfin les feuilles des *bananiers,* des *palmiers*

---

[1] Les rameaux bulbifères, que l'on pourrait désigner par le nom d'embryons-bulbifères, tiennent le milieu entre les embryons-graines et les embryons-fixes (bourgeons). Comme ceux-ci, l'embryon-bulbifère naît d'un nœud-vital et se compose également d'un axe très-court, autour duquel émanent des feuilles rudimentaires, écailleuses, charnues, situées alternativement et en spirale; mais il se rapproche des embryons-graines, en ce qu'il n'adhère que très-faiblement à la plante-mère; qu'il est, comme eux, destiné à s'en séparer naturellement, et à aller au loin donner naissance à un nouvel individu.

Si l'on examine ces embryons-mixtes dans quelques liliacées, comme, par exemple, ceux du lis tigré (*lilium tigrinum*), on y remarquera, comme je l'ai déjà dit en parlant de la disposition des feuilles écailleuses des bourgeons, des plantes monocotylédones, que la plus extérieure des écailles qui composent ce bourgeon est adossée à l'axe principal de la plante.

et de quelques espèces de *magnoliers*, qui ont plusieurs pieds d'étendue.

Quant à leurs figures, on voit les feuilles, depuis l'état de soie dont nous venons de parler, se compliquant sans cesse, offrir d'abord une lame simple en son bord, puis dentée, sinuée, multifide, et enfin composée et articulée. Les dénominations d'inférieure et de supérieure que l'on a données aux faces de la feuille, me paraissent vicieuses, en ce qu'elles ne s'accordent point avec la situation relative de cet organe ; celles d'extérieure et d'intérieure vaudraient mieux, puisqu'il est vrai de dire que ce que l'on a nommé face supérieure, est la partie qui, dans tous les organes appendiculaires, s'applique contre l'axe.

Disposition des feuilles. — Phyllodes, stipules.

1. ATROPA *mandragore* (*atropa mandragora*, Lin.). Feuilles radicales, alternes en spirale, isolées. La tige de ces sortes de plantes ne consistant qu'en un cône, autour duquel naissent alternativement des nœuds-vitaux bordés de feuilles, on a dit, en s'arrêtant aux apparences extérieures, que ces plantes étaient acaules ou sans tige, et que conséquemment leurs feuilles étaient radicales.

2. CYPRÈS *pyramidal* (*cupressus sempervirens*, Lin.). Feuilles écailleuses, imbriquées, alternes en spirale, isolées.

3. GAROU (*daphne gnidium*, Lin.). Feuilles éparses, alternes en spirale, isolées.

4. SAULE *hélix* (*salix helix*, Lin.). Feuilles alternes spiralées, isolées.

5. PLANERA *à feuilles crénelées* (*planera crenata*). Feuilles alternes distiques, isolées.

6. CYMBIDIUM *à fruits hérissés* (*cymbidium echinocarpon*, Swartz.). Feuilles alternes distiques, engaînantes, isolées.

7. FILARIA *à feuilles étroites* (*phillyrea angustifolia*, Lin.). Feuilles opposées, croisées, associées par couple.

8. LAURIER-ROSE (*nerium oleander*, Lin.). Feuilles opposées, ternées, associées par verticille.

9. VALENTIA *articulé* (*valentia articulata*, Lin.). Feuilles opposées, quaternées, associées par verticille.

10. CAILLELAIT *gratteron* (*galium aparine*, Lin.). Feuilles opposées, associées verticillées.

Obs. On a remarqué que, dans l'aisselle des feuilles verticillées, il ne se développait que deux, rarement trois bourgeons.

11. MÉLÈZE *d'Europe* (*larix Europœa, pinus larix*, Lin.). Feuilles fasciculées, alternes en spirale, isolées.

Obs. Les feuilles fasciculées sont toujours le produit d'un rameau court et axillaire, autour de l'axe duquel se pressent et s'insèrent alternativement un plus ou moins grand nombre de feuilles. Ces sortes de productions que l'on remarque dans les *mélèzes*, dans les *épines-vinettes*, dans quelques espèces de *peupliers*, placées immédiatement au-dessus de la cicatrice produite par la feuille tombée, présentent la même composition que celle des plantes dites sans tiges (comparez les fig. 11 et 1 de ce Tableau).

12. FRAGON *épineux* (*ruscus aculeatus*, Lin.). Tronçon de tige présentant, en *a*, une feuille réduite à l'état rudimentaire, et, en *b*, un *phyllode* ou rameau aplati, foliacé, florifère.

Obs. Quelques espèces de ce genre produisent, dans l'aisselle de leurs feuilles rudimentaires, de grands rameaux foliacés, qui donnent naissance, vers leur milieu et du côté intérieur, à d'autres rameaux de même forme, plus petits, et accompagnés quelquefois d'une petite foliole; enfin, ce singulier rameau florifère, qui a beaucoup de rapport avec celui des *tilleuls*, se termine par quelques fleurs qui naissent chacune dans l'aisselle d'une foliole particulière. Il faut bien se garder de confondre certains rameaux avec les feuilles : celles-ci, lorsqu'elles existent, sont toujours placées sur la partie la plus extérieure d'un nœud-vital ; et si, entre elles et la tige, quelque chose se développe, c'est toujours un bourgeon qui devient un rameau feuillé ou florifère. Dans ce dernier cas, il peut être uniflore ou multiflore.

Les *asperges*, les *xylophylla*, les *phyllanthus*, le genre *pachynema* de Rob. Brown, ne produisent que des feuilles rudimentaires, dans l'aisselle desquelles naissent des rameaux plus ou moins foliacés, que l'on prend à tort pour la feuille elle-même.

Pareille erreur aurait été commise à l'égard du *tilleul* : si les grandes feuilles cordiformes, que nous lui connaissons, étaient réduites à une simple écaille, point de doute que la partie foliacée du rameau florifère, restant seule apparente, n'eût reçu, des botanistes, le nom de feuille.

Stipules.

13. AUBÉPINE (*mespilus oxyacantha*, Lin.). Stipules caulinaires, foliacées, auriculaires, semi-lunulées, nervées et dentées.

14. MÉLIANTHUS *à larges feuilles* (*melianthus major*, Lin.). Stipules caulinaires, subulées.

15. GESSE *à larges feuilles* (*lathyrus latifolius*, Lin.). Stipules caulinaires, foliacées, semi-sagittées, nervées, à bord entier.

16. ROSE *à cent feuilles* (*rosa centifolia*, Lin.). Stipules pétiolaires, marginales, innervées et dentées.

17. PERSICAIRE *amphibie* (*polygonum amphibium*, Lin.). Stipules pétiolaires, engaînantes ou vaginantes, ou tubuleuses, à bord entier.

Obs. Il est aisé de voir qu'en soudant les bords des stipules de la fig. 16, on obtient le tube de la fig. 17. C'est ainsi que la nature, dans la formation des êtres, se modifie sans cesse, et qu'en les compliquant elle ne fait qu'ajouter quelque chose de plus aux formes précédentes.

Les stipules caulinaires sont des feuilles distinctes, réduites à l'état rudimentaire : elles indiquent sur les végétaux où elles se rencontrent une sorte de disposition à l'ordre ternaire lorsque les feuilles qu'elles accompagnent sont alternes, et à l'ordre verticillé lorsque, comme dans les rubiacées ligneuses, ces dernières sont opposées.

Les stipules pétiolaires sont une dépendance de la feuille et peuvent être considérées comme des pennules.

Les prétendues stipules des rubiacées à feuilles opposées trouveront leur place parmi les feuilles.

TABLEAU VII.

Feuilles.

1. CAFÉ *d'Arabie* (*coffea Arabica*, Lin.). Tronçon de tige sur lequel on voit la base des pétioles des deux grandes

feuilles opposées, et, en *a*, deux autres feuilles rudimentaires confondues avec les stipules.

Obs. Cette disposition quaternaire s'accorde parfaitement avec celle verticillée que l'on observe dans un grand nombre de plantes de cette famille, telles que les *galium*, les *valantia*, etc., etc.

2. PACHYNEMA *complanatum*, Rob. Brown (famille des dilléniacées). Tronçon de tige sur lequel on voit une feuille rudimentaire, dans l'aisselle de laquelle est né un nouveau rameau : *a*, feuille; *b*, nervure médiane se prolongeant en un éperon dorsal.

Obs. Ce même prolongement, qui paraît propre à un grand nombre de feuilles réduites à la base du pétiole, et même aux folioles de plusieurs calices des *mélastomées*, est ce qui produit, dans les bractées des graminées, les soies ou arêtes plus ou moins longues que l'on y remarque quelquefois.

3. CUSCUTE *d'Europe* (*cuscuta Europæa*, Lin.; *cuscuta minor*, D C.). Rameau terminal portant des feuilles rudimentaires, en *a*, dans l'aisselle desquelles naissent d'autres rameaux, qui, à leur tour, développent d'autres feuilles.

4. GENÉVRIER *commun* (*juniperus communis*, Lin.). Feuille subulée.

5. IF *commun* (*taxus baccata*, Lin.). Feuille linéaire.

6. OIGNON (*allium cepa*, Lin.). Feuille cylindrique, fistuleuse.

7. IRIS *flambe* (*iris germanica*, Lin.). Feuille distique, engaînante, ensiforme, comprimée.

8. ACACIE *à longues feuilles* (*acacia longifolia*, Willd.). Feuille comprimée, ensiforme.

Obs. C'est encore une feuille rudimentaire, réduite au pétiole commun. Cet *acacia* et quelques autres espèces du même genre portent, dans leur enfance, des feuilles composées, articulées; mais, à mesure que ces plantes croissent, elles perdent successivement leurs folioles et leurs pétioles secondaires. Réduites au pétiole commun, qui pour lors se dilate en sens contraire des feuilles, elles ont été prises pour des feuilles simples par des observateurs superficiels. La lettre *a* désigne une glande pétiolaire.

9. ROSEAU *à quenouille* (*arundo donax*, Lin.). Feuille rubanaire (Mirb.), pétiole engaînant, ouvert d'un côté : *a*, gaîne; *b*, ligule; *c*, lame.

(93)

10. OTHONNA *spatule* (*othonna cheirifolia*, Lin.). Feuille spatulée.

11. FICOÏDE *deltoïde* (*mesembryanthemum deltoïdes*, Lin.). Feuille charnue, delto·de, dentée.

12. SAULE *hélix* (*salix helix*, Lin.). Feuille lancéolée, dentée.

13. PLAQUEMINIER *lotos* (*diospyros lotos*, Lin.). Feuille ovale, acuminée.

14. MÉLASTOME *rameux* (*melastoma racemosa*, Humb. et Bonpl.). Feuille obovale, trinervée, ciliée.

15. MÉLASTOME *tomenteux* (*melastoma tomentosa*, Humb. et Bonpl.). Feuille ovale, acuminée, quintuplinervée, à bord entier.

16. TAMNE *commun* (*tamnus communis*, Lin.) : sceau de Notre-Dame. Feuille cordiforme, acuminée.

17. PONTEDERIA *à feuilles en cœur* (*pontederia cordata*). Feuille cordiforme, obtuse, à nervure parallèle.

18. TUSSILAGE *odorant* (*tussilago fragrans*, Lin.). Feuille réniforme, crénelée.

TABLEAU VIII.

Feuilles.

1. SAXIFRAGE *à feuilles rondes* (*saxifraga rotundifolia*, Lin.). Feuille réniforme, lobée, ciliée.

2. NÉNUPHAR *blanc* (*nymphæa alba*, Lin.). Feuille cordiforme, obtuse.

3. NELUMBO *lutea*, *nymphæa nelumbo*, Lin. Feuille en entonnoir, concave, érodée.

4. CHATAIGNE *d'eau* (*trapa natans*, Lin.). Feuille quadrangulaire, un peu losangée, dentée : *a*, pétiole renflé, vésiculeux.

5. HYDROGETON *fenestralis*, Pers.; OUVIRANDRA *fenestralis*, Mirb. Feuille obovale, émarginée au sommet, multiplinervée, veinée transversalement, cancellée, percée à jour.

Obs. Cette feuille est naturellement réduite au seul système vasculaire, par défaut de parenchyme ou tissu cellulaire entre les mailles du réseau.

6. COREOPSIS *ailé* (*coreopsis alata*, Cavan. *Ic.*). Feuille

(94)

opposée, décurrente, lancéolée, dentelée : *a*, sortes d'ailes produites par le prolongement des marges des feuilles sur la tige.

7. CLAUDÉE *élégante* (*claudea elegans*, Lam*ᵏ*.). Feuille falciforme, unilatérale, percée à jour : *a*, fructification.

Obs. Je soupçonne que cette jolie plante marine, trouvée par Péron sur les côtes de la Nouvelle-Hollande, où elle avait été jetée, n'est pas dans son état naturel, et que le tissu cellulaire en a été enlevé par la tourmente des eaux.

8. CAMPANULE *perfoliée* (*campanulata perfoliata*, Lin. ; *campanulata amplexicaulis*, Mich*ᵏ*.). Feuille cordiforme, sessile, amplexicaule, dentelée.

9. HYDROCOTYLE, *écuelle d'eau* (*hydrocotyle vulgaris*, Lin.). Feuille orbiculaire, peltée, lobée et crénelée.

10. CHÈVRE-FEUILLE *des jardins* (*lonicera caprifolium*, Lin.). Feuille elliptique, opposée, conjointe.

11. BUPLÈVRE *à feuilles rondes* (*buplevrum rotundifolium*, Lin.). Feuille ovale-aiguë, perfoliée.

12. BÉGONE *odorante* (*begonia suaveolens*, Desf.). Feuille oblique, cordiforme, sinuolée.

13. ADIANTUM *à feuilles en trapèze* (*adiantum trapeziforme*, Lin.). Feuille trapéziforme, marge fructifère.

TABLEAU IX.

Feuilles.

1. RUMEX *d'Abyssinie* (*rumex Abyssinicus*, Jacq. Hort. ; *rumex arifolius*, Lin.). Feuille hastée.

2. FLÉCHIÈRE *aquatique* (*sagittaria sagittifolia*, Lin.). Feuille sagittée.

3. TULIPIER *de Virginie* (*liriodendrum tulipifera*, Lin.). Feuille quadrilobée, tronquée : *a*, sommet; *b*, parties latérales.

4. CHÊNE *commun* (*quercus robur*, Lin.). Feuille oblongue, sinuée.

5. COMPTONIA *à feuilles d'asplenium* (*comptonia asplenifolia*, H. K.). Feuille allongée, pennatilobée.

6. CHICORÉE *sauvage* (*cichorium intybus*, Lin.). Feuille runcinée.

7. ÉRYSIMUM *à feuilles en lyre* (*erysimum barbarea*, Lin.). Feuille lyrée.

8. ARTICHAUT *commun* (*cinara scolymus*, Lin.). Feuille lancéolée, pennatifide, à pennule lobée.

9. ARISTOLOCHE *bilobée*, LIANE *à caleçon* (*aristolochia biloba*, Lin.). Feuille bilobée : *a*, sommet; *b*, parties latérales.

10. PASSIFLORE *glauque* (*passiflora glauca*, Jacq.). Feuille tripartite, à division lancéolée, dentelée : *a*, glandes pétiolaires.

11. PASSIFLORE *bleue* (*passiflora cœrulea*, Lin.). Feuille quinquépartite, à division lancéolée, obtuse et entière : *a*, glandes pétiolaires, stipitées.

TABLEAU X.

Feuilles.

1. MARSILEA *d'Egypte* (*marsilea Ægyptiaca*, Willd.). Feuille quadrifoliolée, à folioles cunéiformes, entières.

Obs. C'est pour me conformer à l'usage reçu, que je considère ici les feuilles de cette plante comme étant quadrifoliées; car, quand on les observe soigneusement, on s'aperçoit de suite que les quatre folioles qui les composent ont une disposition *bijuguée*, disposition qui leur donne la faculté de se rapprocher, dans le sommeil, sur elles-mêmes, comme toutes celles qui présentent cette composition.

De cette observation naît une nouvelle analogie entre ces feuilles et celles du *salvinia*, dont les folioles sont opposées par paires.

2. GESSE (*lathyrus*). Feuille impari-pennée, articulée, cirrhifère.

Obs. Les cirrhes qui terminent les feuilles sont des parties de la feuille elle-même, réduites aux principales nervures. Dans le *lathyrus odoratus* (Tabl. LV), les feuilles de cette espèce, au lieu de celles pennées que l'on observe dans quelques autres espèces du même genre, n'offrent que deux folioles développées, et celles qui paraissent lui manquer sont représentées par les rudimens cirrhifères de sept autres, dont une terminale.

3. TAMARIN *du commerce* (*tamarindus Indica*, Lin.). Feuille pennée, articulée, sans impaire.

4. PISTACHE *de terre* (*arachis hypogæa*, Lin.). Feuille bijuguée, ciliée.

5. POTENTILLE *moyenne* (*potentilla intermedia*, Lin.). Feuille digitée, septemfoliée, à folioles dentées et ciliées.

6. MELIANTHUS *à larges feuilles* (*melianthus major*, Lin.). Feuille pennée avec impaire, à pétiole commun ailé, vertébré; à folioles dentées.

7. CHOU-PALMIER (*areca oleracea*, Lin.). Feuille pennée avec impaire, à pétiole engaînant : *a*, pétiole; *b*, folioles.

Obs. Si l'on conçoit que les folioles soient couchées de bas en haut contre leur axe ou support commun, de manière à former toutes ensemble une seule lame indivise, on aura une feuille de graminées.

8. DOUM *de la Thébaïde* (*cucifera Thebaïca*). Feuille palmée, en éventail, à pétiole épineux.

TABLEAU XI.

Feuilles.

1. RICIN *commun*, PALMA-CHRISTI (*ricinus communis*, Lin.). Feuille peltée, novemlobée ou multilobée, palmée, à lobes dentés.

2. MÉDICINIER *à feuilles multifides* (*jatropha multifida*, Lin.). Feuille multipartie, divisions pennatifides.

3. GÉRANIUM *à petites fleurs* (*geranium parviflorum*, Willd., *Enum.*). Feuille septemfide, laciniée, ciliée.

4. PIVOINE *lobée* (*pæonia lobata*). Feuille tripartie, décomposée.

5. ORANGER (*citrus aurantium*, Lin.). Feuille composée, articulée, unifoliolée; foliole terminale, symétrique, elliptique-aiguë; pétiole marginé, oboval : *a*, auricules ou appendices du pétiole.

Obs. Cette feuille, simple en apparence, indique, par son articulation sur le pétiole, qu'elle appartient à une famille de plantes qui portent des feuilles composées et articulées : le *citrus trifoliata* (*triphasia aurantia*), plante de la même famille, en fournit un exemple. Les *rosa simplicifolia*,

fragaria monophylla, *bauhinia porrecta*, *hedysarum ves-
pertilionis;* les *rudolphia rosea*, *volubilis* et *peltata*, sont
dans le même cas que l'oranger, c'est-à-dire que leurs
feuilles ne présentent que la foliole terminale et symétrique
que l'on remarque, le plus communément, au sommet des
feuilles composées, dans les familles auxquelles ces plantes
appartiennent.

6. COURBARIL *diphylle* (*hymenæa courbaril*, Lin).
Feuille composée, bifoliolée, unijuguée, articulée; folioles
obliques.

Obs. Nous avons vu que la feuille composée et articulée
de l'oranger, comme celles de beaucoup d'autres plantes, se
compose uniquement de la foliole symétrique et terminale,
et que les latérales irrégulières lui manquent : celle de l'*hymenæa* ne présente, au contraire, que les deux folioles latérales qui manquent à celle de l'oranger, et elle est dépourvue
de la foliole terminale qui constitue à elle seule la composition de cette dernière.

7. MÉNIANTHE , *trèfle d'eau* (*menyanthes trifoliata*,
Lin.). Feuille composée, trifoliolée, articulée.

TABLEAU XII.

Feuilles.

1. POINCILLADE *élégante* (*poinciana pulcherrima*, Lin.).
Feuille composée, articulée, bipennée, pari-pennée; à folioles multijuguées, sans impaire.

Obs. Dans toutes les feuilles composées ou celles qui sont
simplement lobées, les folioles ou les lobes latéraux sont
toujours coupés obliquement, en deux parties inégales, par
la nervure médiane, et présentent le plus grand côté à l'extérieur.

2. CORÉOPSIS *à feuilles de férule* (*coreopsis ferulæ-
folia*, Jacq. H. Sch.). Feuille multifide, bipennée, décomposée, inarticulée; à pétiole vaginant.

3. UTRICULAIRE *commune* (*utricularia vulgaris*, Lin.).
Feuille mixte, aquatile ou submergée, alterne, capillaire,
rameuse, utriculée.

4. Une utricule détachée.

5. CHATAIGNE *d'eau* (*trapa natans*, Lin.). Feuilles

mixtes, aquatiles ou submergées, opposées ; nervures médianes donnant naissance à un grand nombre de filamens alternes, capillaires, simples, et terminés par une spongiole : *a*, racines caulinaires développées, sur le nœud-vital, immédiatement au-dessous de l'insertion des deux feuilles mixtes.

Obs. Ces sortes de feuilles mixtes et laciniées, que produisent un grand nombre de plantes aquatiques, prouvent jusqu'à l'évidence que le développement des organes appendiculaires des végétaux est entièrement subordonné aux trois milieux, la terre, l'eau et l'air, dans lesquels les diverses parties du végétal croissent : ceux qui nous occupent, dépendant de l'élément intermédiaire, et conséquemment presque réduits au tissu vasculaire, établissent un passage entre les feuilles aériennes, généralement grandes et vertes, et les racines, qui, faute de lumière, sont absolument dépourvues d'organes appendiculaires. Les axes des racines, infiniment plus déliés et infiniment plus multipliés que ceux du système aérien, remplissent dans la terre, au moyen de leurs spongioles, les mêmes fonctions que les feuilles dans l'air : les unes et les autres puisent la nourriture commune de l'aggrégation dans les deux milieux différens, dans lesquels elles sont situées, et, selon les circonstances environnantes, se font des prêts réciproques, la seule chose qui établisse, *par le tube vivant et ses appendices seulement*, la marche de la sève. Il ne faut point chercher sur le système terrestre des végétaux d'organes que l'on puisse comparer à ceux appendiculaires du système aérien : ceux-ci, ayant absolument besoin de la lumière pour se développer, avortent entièrement dès que les axes en sont privés, et le chevelu, que l'on a quelquefois considéré comme étant la feuille des racines, n'est tout simplement que des axes nouvellement développés [1].

---

[1] Une grande quantité de ces petits rameaux filiformes se dessèchent et se détachent, *par troncature*, des racines pendant l'hiver ; le petit nombre de ceux qui persistent se développent en racines, et produisent ensuite, de leurs nœuds-vitaux, d'autres rameaux chevelus. Ce chevelu, dont le système terrestre des végétaux se dégage chaque année, représente, rigoureusement, ces ramilies, bien moins nombreuses à la vérité, qui périssent et se détachent successivement de la masse aérienne.

La séparation, de la plupart des axes chevelus, de l'aggrégation commune, a fait croire qu'ils avaient de l'analogie avec les feuilles du système aérien, et que, comme elles, le chevelu se détachait par articulation, tandis que réellement il est un axe très-atténué et dépourvu d'organes appendiculaires.

(99)

Les feuilles aquatiles, capillaires, forment, par leurs en-
roulemens dans les utriculaires, des bourgeons terminaux;
et ici, comme dans tous les végétaux où l'on remarque ces
productions mixtes, les filamens se terminent par une spongiole qui représente les glandules, mises à nu, que l'on
observe assez généralement sur le bord des feuilles ou de
leurs dentelures.

Ces organes ne sont, en effet, que les feuilles aériennes de
la même plante, réduites au tissu vasculaire. Pour peu que
l'on compare les deux sortes de feuilles qu'offrent les *renoncules aquatiques*, on voit que leur situation relative sur la
tige est la même; que le pétiole est également vaginant;
que les feuilles submergées se divisent d'abord en trois
branches vasculaires, qui indiquent les principaux lobes des
feuilles aériennes; et qu'ensuite ces mêmes branches se sub-
divisent, comme cela a lieu dans la lame des feuilles placées
au-dessus. Rien de plus commun que de rencontrer, dans
les lieux aquatiques desséchés, des *renoncules* dont les
feuilles aquatiles et capillaires, exposées à l'air, sont devenues vertes et laminées, en même temps que, parmi les
feuilles supérieures, il en est quelques-unes qui sont en
partie lobées et en partie laciniées.

L'exemple le plus curieux de ces sortes de passages, entre
les feuilles réduites aux nervures et les feuilles laminées, s'offre
naturellement dans l'*utricularia ceratophylla*. Cette jolie
plante américaine présente, comme toutes ses congénères,
des feuilles aquatiles, capillaires, utriculées et radicales, de
l'aisselle de quelques-unes desquelles s'élèvent des hampes
multiflores; mais ce qu'il y a de très-remarquable, c'est que,
indépendamment des feuilles rudimentaires qui accompagnent chaque fleur, ces hampes portent, vers leur milieu,
une collerette élégante, formée par quatre ou six feuilles
verticillées, dont la structure singulière est d'être laminées
dans leur partie inférieure, c'est-à-dire composées, en cette
partie, des tissus cellulaire et vasculaire, tandis que la supérieure, réduite au tissu vasculaire, est laciniée et capillaire.

6. SARRACÈNE *pourpre* (*sarracenia purpurea*, Lin.).
Feuille radicale, cuculliforme, à bords soudés : *a*, pétiole
dilaté et formant, par la soudure de ses bords, une sorte de
petite outre qui se remplit d'eau, et qui sert quelquefois à
désaltérer le voyageur; *b*, lame de la feuille.

7. DIONÉE, *attrape-mouche* (*dionæa muscipula*, Lin.).
Feuilles radicales, en piéges, bilobées, ciliées, irritables :
a, pétiole dilaté à la manière de celui de l'oranger, à bords
libres; *b*, lame de la feuille.

8. NEPENTHES *distillatoria*. Feuille radicale, ascidiée
(Mirb.) : *a*, pétiole dilaté, à bords libres; *b*, lame de la
feuille formant, par la soudure de ses bords, une espèce de
vase surmonté d'un opercule, *c*, dont l'articulation est
douée d'irritabilité.

Obs. Ces trois plantes, qui croissent dans des lieux humides, les deux premières dans l'Amérique septentrionale,
et la troisième dans l'Inde, ne se rencontrant, à l'exemple
des hommes et de quelques autres animaux, que rassemblées
par tribus sur certains points, ont été nommées, à cause de
cela, *plantes sociétaires*. En jetant les yeux sur les fig. 6,
7 et 8 de ce Tableau, on aperçoit, dans ces trois feuilles sin-
gulières, des rapports d'analogie, tels que les suivans : **Se**
composant toutes d'un pétiole et d'une lame; tous les pétioles, *a*, sont dilatés, et la seule différence que l'on remarque entre eux, est que celui de la fig. 6 forme, par le
rapprochement et la soudure de ses bords, une sorte de
cornet, tandis que celui des deux autres reste plane, et que
les lames, *b*, sont, un capuchon dans le *sarracenia*, une
sorte de piége dans la *dionée*, et un vase élégant et operculé
dans le *nepenthes*.

TABLEAU XIII.

Enveloppes accessoires des fleurs.

C'est un assemblage de feuilles rudimentaires, placées
dans le voisinage des fleurs, susceptibles de se colorer, par
épuisement, en d'autres couleurs que la verte, naturelle aux
végétaux; alternes ou opposées, libres ou soudées, presque
toujours réduites aux bases pétiolaires, qui se dilatent plus
ou moins en lames, ou ne montrent simplement que la partie
nervée ou tissu vasculaire des feuilles, mis à nu (voyez
fig. 6).

Ces feuilles rudimentaires bordent, comme les autres
feuilles de la plante, la partie extérieure d'un nœud-vital;
elles conservent, comme elles, la même situation, et donnent

naissance, à leur aisselle lorsque le nœud-vital n'est pas stérile, à un rameau-fleur simple, ou à un rameau-fleur composé, c'est-à-dire multiflore.

L'excessif rapprochement de ces organes vers la partie
terminale des végétaux, y occasione quelquefois l'opposition, malgré que les feuilles de la partie moyenne soient
situées alternativement : c'est aussi à ce rapprochement, et
plus encore aux avortemens de quelques-unes des parties de
ces organes et aux soudures qu'ils subissent entre eux, que
sont dus ces divers aspects très-variés, qui ont donné lieu
aux trop nombreuses dénominations, et, ce qui est bien
pis, à l'abus que l'on en a fait, en les confondant avec d'autres parties qui n'ont aucune analogie avec elles. C'est ainsi
qu'avec l'involucre tétraphylle des *euphorbes* on a fait pendant long-temps une corolle. Les feuilles rudimentaires qui
accompagnent la fleur nue des graminées sont encore, pour
le plus grand nombre des botanistes, des calices et des corolles, ou quelque chose d'équivalent. Dans de très-grands
et très-importans ouvrages d'histoire naturelle, à peine sortis
de la presse, on voit, avec étonnement, que les organes qui
nous occupent y sont considérés comme des calices, dans la
réunion cupulaire qu'ils forment au-dessous des fleurs hermaphrodites et à ovaires adhérens du châtaignier et du chêne;
mais on est bien plus étonné, encore, d'y lire que ce même
calice devient, après la floraison, un fruit ou péricarpe:
comme si le caractère essentiel de ce dernier n'était pas
d'être terminé par le stigmate. C'est encore faute d'observation que l'on a, quelquefois, confondu les involucres des
dipsacus et des *scabieuses* avec les calices propres.

Les principales dénominations qu'ont fait naître les diverses combinaisons produites par les feuilles florales sont,
les *bractées* et *bractéoles*, la *spathe*, l'*involucre* et l'*involucelle*, la *cupule*, le *péricline*, la *glume*, le *calicule*, etc.

1. CHÊNE *au kermès* (*quercus coccifera*, Lin.). Cupule
à bord entier, triflores?

Obs. Réunion de feuilles florales, soudées entre elles par
leur base, formant une espèce de coupe qui contient les
fleurs et qui persiste autour du fruit ou du péricarpe. Rien
n'est plus aisé que de sentir la grande analogie qui existe
entre cette enveloppe florale et le péricline imbriqué de la
plupart des *synanthérées;* car, pour peu que l'on soude, par

la pensée, la partie inférieure des folioles écailleuses qui composent l'involucre ou calice commun de l'artichaut (fig. 7), on aura exactement la cupule du chêne, ou, si l'on veut encore faire un autre rapprochement, on trouvera l'analogue de cette cupule dans les feuilles florales, verticillées et soudée qu'offrent les épis mâles des *casuarina* et des *ephedra*, où ces espèces de godets multiflores, qu'elles forment, représentent une suite de petites cupules placées à la suite les unes des autres et comme enfilées par l'axe commun.

Tout porte à croire que l'involucre cupulifère du chêne doit contenir, comme celui du châtaignier, trois fleurs distinctes; mais je n'ai jamais pu les y découvrir, et encore moins retrouver les rudimens de celles qui avortent dans l'intérieur des cupules développées, comme l'a vu et figuré M. Mirbel dans son excellent ouvrage intitulé : *Élémens de physiologie végétale et de botanique*, planch. 55, fig. I, B en *a*.

2. NOISETIER *avelinier* (*corylus avellana*, Lin.). CUPULE foliacée, à bord découpé, paraissant composée de deux ou de trois feuilles soudées dans leurs parties inférieures : *a*, péricarpe.

3. CHATAIGNIER *commun* (*fagus castanea*, Lin.; *castanea vesca*, Willd.). Cupule complette à bord quadriphylle, triflore.

Obs. Cette enveloppe florale consiste, pendant la floraison, en un grand nombre de petites feuilles rudimentaires, molles, soudées entre elles, et entourant presque entièrement les trois fleurs *hermaphrodites* qu'elle contient [1] (voyez Tabl. XVII, fig. 13).

Après la floraison, ces petites feuilles, de molles qu'elles étaient, deviennent spinescentes, et la cupule, qu'elles constituent par leur réunion, continue de croître et d'entourer entièrement les trois péricarpes en *a*, lorsque quelques-uns d'eux n'avortent pas.

Cette cupule, hérissée trop souvent, confondue avec les

[1] Dans l'intérieur de la partie supérieure et libre du calice des fleurs (dites femelles) du châtaignier, on trouve douze étamines complettes, placées sur deux rangées, alternant entre elles et les six lobes du calice. La petitesse de ces étamines, comparées à celles des fleurs mâles, peut laisser croire qu'elles sont stériles, en supposant, toutefois, qu'il y en ait de fertiles dans le sens que l'on y attache.

péricarpes, s'ouvre en quatre espèces de valves pour donner passage aux fruits lorsqu'ils sont mûrs.

4. DATTIER *cultivé* (*phœnix dactylifera*, Lin.). SPATHE axillaire, monophylle, bicarénée, dépourvue de nervure médiane, adossée à l'axe, multiflore.

Obs. On a déjà vu que, dans l'un de mes mémoires, j'avais établi, comme caractères constans et bons dans la distinction des êtres, que les folioles écailleuses les plus extérieures des bourgeons présentaient trois dispositions particulières, mais que, dans l'étude philosophique, il fallait les réduire à un seul, celui à écailles latérales, en abandonnant ici des caractères qui ne reposent que sur de simples soudures, et qui en même temps contrarient l'une des plus grandes lois de la végétation [1]. Dans ce même mémoire, j'ai étendu cette double observation à certaines feuilles florales placées à l'autre extrémité du végétal, telles, par exemple, que les *spathes* monophylles des palmiers, les *spathelles* des graminées, des glaïeuls, et surtout des *tillandsia*. Ces organes toujours bicarénés, toujours dépourvus de nervure médiane, et toujours adossés à l'axe, sont, comme les écailles des bourgeons, qui s'adossent soit à l'axe, soit au pétiole, composés de deux écailles latérales unicarénées, soudées par leur bord intérieur, et en conséquence elles alternent avec les feuilles ou les bractées dans l'aisselle desquelles elles se trouvent placées.

Lorsque cette soudure manque dans les spathes des palmiers, elles présentent deux grandes bractées latérales, unicarénées, munies d'une nervure médiane, et sont dites pour lors spathes bivalves et même multivalves.

5. POTHOS *fétide* (*pothos fœtida*, Mich^.; *dracontium fœtidum*, Lin.). SPATHE terminale, monophylle, multiflore, colorée.

6. GRENADILLE *fétide* (*passiflora fœtida*, Lin.), MARIGOUYA des créoles, Antilles. INVOLUCRE triphylle, feuilles opposées à celles du péricarpe, réduites au tissu vasculaire des autres feuilles de la plante.

Obs. Ces feuilles ont quelques rapports avec celles, laciniées, des trapa, des utriculaires et de quelques renoncules qui se développent dans l'eau.

[1] L'insertion des organes appendiculaires dans le sens longitudinal des tiges.

7. ARTICHAUT *cultivé* (*cinara scolymus*, Lin.). PÉRI-
CLINE polyphylle, imbriqué, écailleux, multiflore; calice
commun: involucre.

Obs. Le péricline se compose d'une grande quantité de
petites feuilles rudimentaires, excessivement rapprochées,
le plus ordinairement alternes en spirale et imbriquées. Ces
feuilles, réduites aux bases pétiolaires des autres feuilles de
la plante, bordent, comme celles-ci, des nœuds vitaux; mais
ces nœuds-vitaux, très-pressés en cette partie terminale du
végétal, sont presque toujours stériles. Il n'en est pas ainsi
des feuilles plus intérieures désignées par les noms de paillettes, de fimbrilles ou de soies; car, quoiqu'elles ne soient
que la suite insensible des plus extérieures, elles contiennent, dans leur aisselle, des fleurs solitaires nées sur des
nœuds-vitaux auxquels on a donné le nom d'*alvéoles*. Ces
nœuds-vitaux, dont l'espace qui les sépare est presque nul
sur les tiges terminales et déprimées de ces végétaux, sont
souvent dépourvus de feuilles (paillettes) à leur extérieur.

8. SAUGE *sclarée* (*salvia sclarea*, Lin.). BRACTÉE foliacée, colorée.

Obs. Il faut remarquer que toutes les bractées ont des
nervures longitudinales et parallèles, ce qui annonce toujours une feuille réduite à la base d'un pétiole plus ou moins
dilaté. La nervure médiane et même les latérales se prolongent quelquefois d'une manière prodigieuse dans les bractées qui accompagnent les fleurs nues des *graminées* (voyez
fig. 12 en *b*).

9. CAROTTE *cultivée* (*daucus carota*, Lin.). INVOLUCRE
général ou collerette multiflore, folioles multifides.

Obs. L'involucre figuré dans ce tableau est celui que l'on
nomme involucre général, parce que l'aisselle de ses bractées,
au lieu de donner naissance à des fleurs solitaires, développe au contraire de nouveaux axes multiflores. Ces nouveaux axes, ou second degré de végétation dans les inflorescences, constituent chacun une ombellule composée de fleurs
particelles et accompagnées d'une bractée plus petite, dont
la réunion forme l'involucelle ou involucre particulier.

Le caractère de l'ombelle, comme celui de l'involucre,
qui lui est subordonné, ne peuvent se soutenir, quand on les
considère sérieusement, puisque les parties qui les composent
ne sont jamais parfaitement insérées à la même hauteur.

comme on pourrait le croire, mais alternativement et en spirale autour d'un axe commun, semblable à celui qui porte les fleurettes des synanthérées. L'involucre et le péricline ont donc les plus grands rapports, et ne sont, comme on le voit, l'un et l'autre que l'assemblage d'un certain nombre de bractées partielles, excessivement rapprochées vers le même point.

10. ASTRANCE *à grandes feuilles* (*astrantia major*, Lin.). INVOLUCRE particulier, multiflore, folioles simples.

Obs. Cet exemple n'est, en quelque sorte, qu'un démembrement du précédent : ses fleurs, immédiatement assises à l'aisselle des bractées, représentent, en effet, l'involucelle des involucres composés.

11. CENCHRUS *myosuroides* (Kunth *in* Humb.).

12. ÆGILOPS *ovata*, Lin.

13. AVENA *Orientalis*, Schreb.

Obs. Ces trois figures font connaître que les parties qui accompagnent les fleurs nues des graminées, et avec lesquelles les botanistes ont formé leur calice et leur corolle, ne sont que les feuilles du chaume réduites et excessivement rapprochées vers cette partie terminale et souvent très-rameuse des axes de ces plantes, et que, conséquemment, on ne peut les assimiler qu'aux feuilles rudimentaires ou florales des autres végétaux.

Dans le mémoire précité (*De l'inflorescence des graminées*, etc.), j'ai prouvé, par un grand nombre de comparaisons appuyées de figures, ce que j'avance ici ; j'ai en outre fait connaître que ces petites feuilles rudimentaires des graminées étaient de deux sortes ; que les premières, auxquelles j'ai laissé le nom de *bractées*, avaient constamment le dos tourné à l'extérieur ; qu'elles étaient munies d'une nervure médiane, tandis que les secondes, que j'ai nommées *spathelles*, étaient toujours adossées à l'axe, privées de nervure médiane, bicarénées et composées de la réunion soudée de deux *bractéoles* latérales ; et, ce qui est bien plus important, que ces deux sortes de feuilles rudimentaires n'appartenaient jamais au même axe ou degré de végétation.

TABLEAU XIV.

Inflorescence.

La partie terminale, florifère et souvent très-rameuse des végétaux *appendiculaires*, a été nommée *inflorescence*.

L'inflorescence se compose, de même que la partie plus inférieure du végétal, de la réunion des systèmes *axifères* et *appendiculaires*, ou, pour être mieux entendu, des pédoncules, des fleurs solitaires et des feuilles rudimentaires ou bractées qui accompagnent, partiellement, la base de celles-ci.

Je crois ne pouvoir mieux faire ici que de transcrire ce que j'ai déjà dit de cette partie du végétal dans mon mémoire sur l'*Inflorescence des graminées et des cypérées, comparée avec celle des autres végétaux appendiculaires* [1].

« L'inflorescence n'est, comme l'on voit, que l'aspect produit par l'assemblage plus ou moins compacte que les fleurs, toujours solitaires, forment vers la partie terminale des végétaux qui en sont pourvus : on l'a distinguée en inflorescence simple et en inflorescence composée. Dans la première, viennent se ranger ce que l'on appelle les fleurs solitaires, *comme si elles ne l'étaient pas toutes*, les fleurs géminées, ternées et enfin aggrégées ; la seconde, beaucoup plus nombreuse, comprend le *chaton*, l'*épi*, la *grappe*, le *verticille*, la *panicule*, le *thyrse*, le *corymbe*, la *cyme*, le *faisceau*, l'*ombelle*, le *capitule* et la *calathide*.

« Si on examine soigneusement et comparativement cette partie terminale et souvent très-rameuse des végétaux *appendiculaires*, on s'aperçoit presque aussitôt que les caractères assignés aux divers modes d'inflorescence ne peuvent se soutenir ; qu'ils se confondent les uns dans les autres, et que la plupart sont fondés sur des observations superficielles, comme nous l'avons déjà fait sentir en parlant du caractère de l'*ombelle* [2].

« Il est bon de remarquer que les modes de la première

---

[1] *Mém. du Mus. d'hist. nat.*, tom. v.

[2] Les rayons ou pédoncules simples ou multiflores des ombelles sont toujours insérés alternativement et en spirale autour d'un axe terminal et déprimé.

division, distingués par les dénominations de fleurs *solitaires*, *géminées*, *ternées* et *aggrégées*, sont sujets à toutes sortes d'équivoques, parce que, dès qu'il y a plus d'une fleur dans l'aisselle d'une feuille, il y a nécessairement un rameau qui leur donne naissance sur des *nœuds-vitaux* particuliers, placés à des distances plus ou moins rapprochées, et presque toujours chacune d'elles est accompagnée d'une feuille rudimentaire.

« Les botanistes ne sont et ne peuvent être d'accord sur ces divers modes d'*inflorescence*, par la raison que l'on s'est attaché à des caractères trop peu importans pour en établir les limites : c'est ce qui m'a déterminé à chercher d'autres caractères qui fussent plus constans, et au moyen desquels on pût mieux s'entendre. Partant de ce principe, que toutes les fleurs sont *solitaires*, j'ai vu que toutes les inflorescences possibles ne présentaient, dans leur complication, qu'une simple répétition d'axes et de fleurs *solitaires*, qu'on peut facilement distinguer par le nombre des degrés de végétation, etc. »

Les nœuds-vitaux ou conceptacles des embryons-fixes, ordinairement très-écartés et largement feuillés, de la partie intermédiaire des axes, se multiplient et se pressent (par une sorte d'épuisement) dans la partie terminale de ces mêmes axes, et là, au lieu de donner naissance à des scions allongés ou de continuité, il s'y développent des scions analogues, simplement accompagnés de feuilles rudimentaires, scions auxquels j'ai donné l'épithète de *terminé*, et auxquels on est convenu d'accorder celle de fleur.

Ce n'est donc, comme on peut le voir, qu'à la répétition et au plus ou moins de rapprochement des nœuds-vitaux, et aux axes particuliers qui résultent de ces mêmes nœuds-vitaux, que sont dues les diverses modifications qu'éprouvent les inflorescences de tous les végétaux *appendiculaires*, en passant de celles qui ne présentent qu'une fleur *solitaire* à celles, plus compliquées, que l'on nomme *panicules*, et qui en effet ne sont au fond que l'assemblage par répétition d'un grand nombre de fleurs solitaires, émanant immédiatement d'un nœud-vital bordé par une dernière feuille rudimentaire, lorsque celle-ci n'est pas encore entièrement éteinte.

D'après ce qui vient d'être dit, il serait donc infiniment

plus commode pour l'étude de distinguer, comme je l'ai déjà proposé dans le mémoire précité, les inflorescences, en raison du nombre des axes ou degrés de végétation qu'elles présentent, et de les nommer, d'après ce principe infiniment plus fixe et plus constant que celui des aspects, dont on s'est servi, *monoaxifères, biaxifères, triaxifères* et *multiaxifères.*

Les *monoaxifères* peuvent être dites *uniflores* ou *multiflores, hermaphrodites* ou *unisexuelles* : elles sont uniflores dans la tulipe, le *parnassia,* l'*asarum,* etc.; multiflores dans le scirpe des marais, le *myosotis arvensis* (fig. 3), le groseillier à grappes (fig. 10), le plantain (fig. 7), etc.; hermaphrodites dans les exemples que nous venons de citer, et unisexuelles dans les *amentacées* (fig. 1), les conifères (fig. 2), le sablier (fig. 5, *a* et *b*) et l'arbre à pain (fig. 6, *a* et *b*).

1. BOULEAU *noir* (*betula nigra,* H. K.) : CHATON. INFLORESCENCE monoaxifère, multiflore, unisexuelle : *a,* chatons femelles, les seules qui persistent après la fécondation.

Obs. Les organes mâles sont soudés avec la feuille rudimentaire, qui borde le nœud-vital qui leur donne naissance.

2. PIN *sauvage* (*pinus sylvestris,* Lin.). CHATON biaxifère, multiflore, unisexuel.

3. MYOSOTIS *des champs* (*myosotis arvensis,* Willd.). ÉPI monoaxifère, multiflore, hermaphrodite.

4. LOLIUM *raygrass* (*lolium perenne,* Lin.). TRIAXIFÈRE.

Obs. Ici, on compte la répétition de trois axes différens, le principal, celui des épillets, et celui qui porte la fleur nue et solitaire : *a, b,* feuilles rudimentaires bordant les nœuds-vitaux de l'axe principal; *c,* feuille rudimentaire bordant le nœud-vital du second axe. C'est avec ces feuilles rudimentaires, entièrement comparables à toutes celles qui accompagnent les fleurs des végétaux *appendiculaires,* que les botanistes ont fait des calices et des corolles dans les graminées.

5. SABLIER *élastique* (*hura crepitans,* Lin.).

Obs. Ici, l'inflorescence semble se compliquer; elle est MONOAXIFÈRE, *multiflore, unisexuelle* dans la partie mâle, *a,* et MONOAXIFÈRE *uniflore, unisexuelle* dans la partie femelle; *b,* stigmate rayonné creusé en entonnoir; *c,* ovaire; *d,* style.

Les divisions de ce singulier stigmate, toujours en rapport de nombre avec les loges de l'ovaire, sont la partie terminale de la nervure médiane des quinze ou vingt feuilles ovariennes dont se forme, par soudure, le péricarpe composé de cette plante.

6. ARBRE *à pain d'Otahiti* (*artocarpus incisa*, Lin.). MONOAXIFÈRE, multiflore, unisexuelle : *a*, fleurs mâles, monandres, entourées chacune d'un calice monophylle, trigone et tronqué au sommet; *b*, fleurs femelles monogynes, à stigmates longs et divergens, entourées par un calice monophylle entier et conique. Ces deux sortes de fleurs sont disposées alternativement autour d'un axe commun; *c*, stipule terminale, caduque.

7. PLANTAIN *commun* (*plantago major*, Lin.). MONOAXIFÈRE, multiflore, hermaphrodite.

8. ARUM *maculé, pied-de-veau* (*arum maculatum*, Lin.). MONOAXIFÈRE, multiflore, unisexuel : *a*, spathe ou feuille rudimentaire réduite à la base engaînante des autres feuilles de la plante; *b*, partie terminale de l'axe développé en une sorte de massue spongieuse, dont on ne connaît point les fonctions; *c*, pistils; *d*, anthères sessiles.

9. LAVANDE *en épi* (*lavandula spicata*, Lin.). VERTICILLE triaxifère, hermaphrodite.

Obs. Le caractère du verticille, dans les *labiées*, ne repose que sur des apparences trompeuses : des rameaux courts, multiflores et axillaires, composés d'un petit nombre d'axes, nés de nœuds-vitaux différens, terminés par des fleurs *solitaires*, forment ici, comme partout ailleurs, l'inflorescence de ces végétaux.

10. GROSEILLIER *à grappes* (*ribes rubrum*, Lin.). GRAPPE monoaxifère, multiflore, hermaphrodite : *a*, axe commun, donnant naissance à des nœuds-vitaux bordés de feuilles rudimentaires, en *b*, et desquels se sont développés d'autres axes qui se terminent par une fleur solitaire ou scion-fleur.

TABLEAU XV.

Inflorescence.

1. LILAS *commun* (*syringa vulgaris*, Lin.; *lilac vulgaris*, T.). THYRSE multiaxifère, hermaphrodite.

2. MILLEFEUILLE *commune* (*achillea millefolium*, Lin.). CORYMBE multiaxifère, composé.

3. SUREAU *noir* (*sambucus nigra*, Lin.). CYME multiaxifère, hermaphrodite.

4. ANET *fenouil* (*anethum fœniculum*, Lin.). OMBELLE biaxifère, hermaphrodite.

5. OEILLET *à fleurs en tête* (*dianthus capitatus*, Wald.). FAISCEAU monoaxifère, hermaphrodite.

Obs. Ici, l'axe, en se terminant brusquement, donne naissance à six ou sept fleurs, qui se développent successivement et alternativement de la base au sommet de cet axe déprimé.

6. MONARDE *écarlate* (*monarda didyma*, Lin.). VERTICILLE triaxifère, hermaphrodite.

7. ROSEAU *à quenouille* (*arundo donax*, Lin.). PANICULE multiaxifère, hermaphrodite.

TABLEAU XVI.

Inflorescence.

1. CÉPHALANTE *d'Occident* (*cephalanthus Occidentalis*, Lin.). CAPITULE monoaxifère, multiflore, hermaphrodite.
Obs. Le capitule n'est qu'un épi globuleux.

2. SCABIEUSE *colombaire* (*scabiosa columbaria*, Lin.). CALATHIDE monoaxifère, multiflore, hermaphrodite : *a*, fleurs de la circonférence ou inférieures, irrégulières, plus développées; *b*, fleurs du centre ou supérieures, atténuées, presque régulières.

3. CHARDON *marie* (*carduus marianus*, Lin.). CALATHIDE monoaxifère, multiflore, hermaphrodite : *a*, feuilles rudimentaires réduites aux bases pétiolaires et formant, en cette partie terminale de l'axe, par leur excessif rapprochement, une sorte d'enveloppe à laquelle on a donné tantôt le nom de calice commun, tantôt celui d'involucre, et tantôt enfin celui de *péricline*.

4. CHRYSANTHÈME *grande marguerite* (*chrysanthemum leucanthemum*, Lin.). CALATHIDE monoaxifère, multiflore, polygame : *a*, fleurs femelles, ligulées, fertiles; *b*, fleurs du centre ou plutôt fleurs terminales, hermaphrodites.

Obs. Rien n'est plus aisé que de voir que les fig. 1, 2, 3 et 4 ne sont, dans la réalité, que des épis dont l'axe est rentré en lui-même.

5. FIGUIER *cultivé* (*ficus carica*, Lin.). CALATHIDE mo-noaxifère, multiflore, unisexuelle; axe retourné sur lui-même et enveloppant les fleurs : *a* et *b*, feuilles rudimentaires; *c*, fleurs devenues intérieures.

6. DORSTENIA *contrayerva*, Lin. CALATHIDE monoaxifère, multiflore, unisexuelle; axe en plateau et seulement en partie retourné; *b*, bords crispés de l'axe; *c*, fleurs.

Obs. Lorsque l'on compare les deux exemples d'inflorescence 5 et 6, et que l'on en rapproche, par la pensée, celles du mûrier et de l'arbre à pain, on est ravi de voir que ces trois choses, extrêmement différentes en apparence, sont les mêmes quand on les considère avec l'œil de la philosophie. En effet, comme M. de Lamarck nous l'a fait observer le premier, si on rapproche, de bas en haut, les bords du plateau du *dorstenia* (fig. 6), on obtient l'analogue de la figue (fig. 5), et, comme dans celle-ci, les fleurs d'extérieures qu'elles étaient deviennent intérieures; mais si, au contraire, on rabat ces mêmes bords de haut en bas, on couvrira la partie inférieure de l'axe, et on aura, par cette nouvelle opération, l'équivalent d'une mûre ou du fruit de l'arbre à pain, dont les fleurs sont situées à l'extérieur.

7. XYLOPHYLLA *falciforme* (*xylophylla falcata*, Swartz.). MULTIAXIFÈRE, multiflore, hermaphrodite; axe principal dilaté, foliacé : *a*, nœud-vital qui a servi de conceptacle au rameau foliacé et multiflore; *b*, véritable feuille réduite à l'état rudimentaire; *c*, feuilles rudimentaires bordant les nœuds-vitaux de l'axe d'où sont sortis les autres petits rameaux ou axes triflores; *d*, axes de différens degrés, terminés par une fleur solitaire.

Obs. Cette inflorescence a de l'analogie avec celle des *ruscus* : comme, dans celle-ci, la véritable feuille est rudimentaire, et de même, par suite de l'avortement de la feuille, l'axe florifère se dilate et devient foliacé.

8. POLYPODE *commun* (*polypodium vulgare*, Lin.). MO-NOAXIFÈRE; partie mâle réduite au fluide spermatique.

9. WEBERA *nutans*, Brid.? MONOAXIFÈRE; organes de la génération masqués : *a*, *b*, coiffe; *c*, opercule; *d*, urne dépourvue d'opercule et de coiffe.

TABLEAUX XVII, XVIII, XIX ET XX.

FLEUR (voyez sa définition, pag. 52).

La fleur, comme l'on sait déjà, n'est qu'un rameau terminé qui se développe souvent avec faste. En ne la considérant que sous le double rapport des organes qui la composent
et de sa situation relative avec l'axe et les autres parties de
la plante, on s'aperçoit facilement que, malgré les fonctions
particulières qu'elle a à remplir et l'apparence brillante sous
laquelle elle se montre le plus communément, elle cache
l'analogue d'un humble bourgeon développé [1].

La fleur, à laquelle j'ai donné le nom de *scion-terminé* ou
scion-fleur, prend, avant son épanouissement, celui de
bouton, tandis que le scion allongé ou de continuité prend
celui de bourgeon.

Si maintenant on compare entre eux ces deux sortes de
scions, on verra que l'un et l'autre ont eu pour berceau un
nœud-vital; que leur situation relative est invariablement
la même; qu'ils sont terminaux ou le plus souvent latéraux
lorsqu'ils naissent à l'aisselle des feuilles; qu'ils sont une
continuité naturelle du végétal, et qu'enfin l'un et l'autre
se composent d'un axe et d'organes appendiculaires qui,
quoique le plus souvent verticillés par un excessif rapprochement dans les calices et les corolles des fleurs, n'en conservent pas moins, sauf quelques exceptions, cette disposition alterne, dans le sens longitudinal des axes, à laquelle
tous les organes appendiculaires des végétaux composés sont
assujettis.

Comme scion terminé, les organes appendiculaires de la
fleur (par une sorte d'épuisement nécessaire aux fins que la
nature se propose dans ces scions terminés) diminuent dans
leurs dimensions, cessent pour la plupart d'être verts, et se

---

[1] Il n'est personne qui n'ait été frappé de l'extrême ressemblance qui
existe entre le bourgeon-fleur des *camellia*, avant son épanouissement,
et le bourgeon de continuité de la plupart des autres végétaux : son calice, puisqu'il en faut un, composé de neuf feuilles rudimentaires disposées alternativement et en spirale autour de l'axe, se recouvrant les unes
les autres, allant toujours en augmentant et en se colorant de l'extérieur
à l'intérieur, imite parfaitement les écailles imbriquées des bourgeons-
branches du marronier.

peignent des plus vives couleurs; mais, comme on l'a vu, la situation relative de ces organes reste invariab e, et tou ours ces petites feuilles réduites et colorées dont se composent les corolles, quoique d'un tissu plus délicat que celui des feuilles du calice et de la tige, n'en conservent pas moins la même disposition dans les tissus et dans l'ordre que suivent les ner·ures qui en forment le réseau; d'autres, plus intérieurs, ou, pour être plus précis, plus supérieurs (les étamines), semblent s'épuiser encore davantage, afin d'arriver plus tôt aux fins dont nous avons parlé plus haut, et donner naissance aux anthères, petites capsules qui, comme l'on sait, renferment les utricules qui contiennent ce fluide que l'on croit destiné à féconder les embryons-graines.

L'axe terminé, duquel dépendent les organes appendiculaires dont nous venons de parler, quoiqu'il ne soit que la continuité de tout le *système axifère* plus inférieur du végétal, a reçu, d'après les fonctions particulières qu'il a à remplir, les dénominations suivantes : On le nomme pédoncule quand, au dessous des feuilles calicinales, il ne se gonfle pas en fruit; pistil, dans la partie placée au-dessus de l'insertion des organes appendiculaires de la fleur. Dans celui-ci, on a encore distingué d'abord l'ovaire dans cette partie basilaire du pistil, qui se gonfle, devient lacuneuse, et qui contient les embryons-graines; le stigmate, presque toujours renflé, spongieux et papilleux, dans la partie terminée de l'axe; et enfin une autre partie située entre l'ovaire et le stigmate, peu importante, puisqu'elle manque souvent, a reçu le nom de style [1].

Les deux systèmes d'organes qui constituent la fleur ont l'un et l'autre une tendance naturelle à redevenir ceux qui composent les scions ou rameaux de continuité; aussi voit-on que, dès que le végétal est abondamment nourri, les folioles

---

[1] Ce même axe du scion-fleur, autour duquel rayonnent les organes appendiculaires, présente encore, dans les passiflores (Tabl. XXIII, fig. 15, *a*), les cléomés, les capriers, etc., un article qui élève et éloigne l'ovaire du point sur lequel sont insérés le calice, la corolle et les étamines : cet article ou mérithalle, auquel les botanistes ont donné le nom de *gynophore*, est une répétition de ceux que produisent, par leur écartement, les nœuds-vitaux sur les tiges.

Le gynophore n'est donc au fond que l'espace compris entre les nœuds-vitaux stériles, bordés les uns par les feuilles du calice, de la corolle et de l'étamine, et les autres par les feuilles ovariennes.

des calices, comme dans quelques roses, se développent
largement en feuilles composées, entièrement semblables à
celles placées plus inférieurement sur les tiges, et que les
filets des étamines, en s'élargissant et en affamant les anthères, dont ils produisent l'avortement, deviennent d'autres
feuilles corollaires, qui doublent cette grande quantité de
fleurs qui ornent nos parterres.

L'axe ou pistil, de son côté, au lieu de s'arrêter à ses fonctions ordinaires, au lieu de se terminer par un stigmate et
de nourrir dans son sein des corps reproducteurs, continue
de s'allonger, et reprend quelquefois, au-dessus de cette
fleur trompée dans son attente, la forme d'un scion vigou-
reux, ou bien il s'arrête de nouveau en une seconde fleur [1].

Linné était dans l'erreur lorsqu'il croyait que les parties
qui composent la fleur émanaient d'origine différente.

Selon ce grand naturaliste, le calice était une prolongation

---

[1] Dans les cerisiers, les merisiers, les pruniers, et, en général, dans
tous les végétaux où le scion-fleur, au lieu de s'arrêter à l'état que nous
lui connaissons le plus ordinairement, s'emporte au-delà, et devient ou
un rameau de continuité ou une suite étagée de scions-fleurs, on observe,
dans l'intérieur des calices, des corolles et des étamines, que l'axe, destiné à produire le pistil, se compose d'une suite d'articles nés les uns des
autres, comme, par exemple, ceux d'une longue-vue que l'on allonge, et
que les nœuds-vitaux, qui forment chacun de ces articles, donnent naissance à de nouveaux organes appendiculaires.

Les fleurs doubles du merisier présentent, au lieu de pistils, deux
feuilles libres, laminées, dentées, vertes, et dont la nervure médiane, en
s'allongeant au-delà de la lame, représente le style, et se termine par un
stigmate oblique, latéral et extérieur. La disposition de ces deux feuilles
ovariennes annonce deux choses : 1°. que, dans l'état ordinaire, l'une
d'elles, la plus près de l'axe de la plante, avorte et détruit la symétrie ;
2°. qu'il n'a manqué à ces feuilles ovariennes ou pistillaires pour être
parfaites, que d'être un peu moins favorisées par la végétation, d'avoir
leurs bords complétement soudés en un ovaire, et de produire, de ces
mêmes bords, le développement d'un ou de plusieurs embryons tuniqués
(graines).

Le cerisier à fleurs doubles montre, dans ce sens, une plus grande complication : au centre, ou plutôt au-dessus du calice, de la corolle et des
étamines, s'élève un article axifère (gynophore des botanistes), duquel
naissent deux feuilles ovariennes soudées dans leurs parties inférieures,
libres, laminées et dentées dans celles supérieures, et dont la nervure
médiane s'allonge en style et se termine par un stigmate. Du centre de la
base soudée de celles-ci, s'élève un autre article qui, à son tour, produit
une seule feuille ovarienne, laminée et dentée, à bords libres, et toujours terminée par un stigmate ; on remarque, en outre, que des parois
internes de la partie inférieure et soudée des deux premières feuilles ovariennes dont nous venons de parler, s'échappent des étamines rudimentaires et des pétales chiffonnés.

de l'écorce ; la corolle et les étamines, celle du liber, et le pistil tout entier, celle de la moelle.

Cette idée très-ingénieuse trouva beaucoup de partisans, et a été répétée depuis dans la plupart des ouvrages de botanique.

L'isolement dans lequel on étudie généralement les divers organes des végétaux ; l'excessif rapprochement des organes appendiculaires, libres ou soudés, qui constituent la fleur, ont été les causes de cette erreur. Au lieu de voir dans l'assemblage d'une fleur l'analogue de ces rameaux déprimés ou raccourcis que l'on nomme rosette, on s'imagina que le calice, la corolle, les étamines et le pistil étaient placés sur un plan horizontal, et que leur situation relative était de l'extérieur à l'intérieur ; tandis que réellement ces organes, parfaitement identiques avec les autres feuilles du végétal, assujettis aux mêmes lois d'insertion, sont toujours superposés autour de la partie terminale des axes, et tirent tous leur origine du tube végétal, dont, en effet, ils ne sont qu'une simple exfoliation.

La fleur qui nous paraît la plus parfaite est celle qui est symétrique et qui se compose des systèmes *axifères* et *appendiculaires*, ou, pour me servir de l'ancienne manière de voir et de considérer la fleur, des quatre parties suivantes, le *calice*, la *corolle*, les *étamines* et le *pistil*. Les soudures et les avortemens, joints aux formes souvent bizarres des parties que nous venons de nommer, dérangent la symétrie des fleurs, et donnent lieu à certaines distinctions que l'on en a faites : l'avortement de l'axe (pistil), placé au-dessus des organes masculins, caractérise les fleurs mâles ; l'avortement des étamines, fait des fleurs femelles ; et la présence de ces deux organes réunis, des fleurs hermaphrodites : on les a encore appelées apétales lorsque les feuilles de la corolle ne se développent pas.

Nous pensons que l'irrégularité et le défaut de symétrie dans les fleurs et dans les fruits, quoique souvent constans dans certains groupes de végétaux, sont contraires au vœu général de la nature ; qu'ils sont dus à un vice organique intérieur que nous ne pouvons pas encore expliquer ; vice qui est la source commune des avortemens *visibles* ou *invisibles*, ou, pour être mieux entendu, des avortemens *extérieurs* ou *intérieurs ;* ou qui seulement, en empêchant quelques parties de se développer entièrement, occasione l'irrégularité. Le développement symétrique des fleurs irrégulières de la linaire, connues sous le nom de *peloria*; celles de quelques espèces d'*orchidées*, également redevenues régulières; celles terminales de certaines *labiées*, qui, au lieu de deux lèvres, présentent cinq lobes égaux et cinq étamines semblables entre elles; et enfin celles qui occupent la partie terminale des axes déprimés (centre des botanistes) de la plupart des *scabieuses*, des *ombellifères* et des *synanthérées*, sont toujours régulières ou symétriques : tandis que celles disposées au-dessous ou autour, le plus souvent irrégulières, offrent, passagèrement, la preuve de ce que nous venons d'avancer, et sont, en quelque sorte, des exemples de symétrie dévoilée.

Il est bon de remarquer que ce vice organique, qui nuit à la symétrie des formes végétales, se manifeste toujours de l'intérieur à l'extérieur; je veux dire que ce sont les parties situées le plus près de l'axe qui en sont atteintes de préférence à celles placées plus extérieurement : il ne faut que jeter les yeux sur le petit nombre d'exemples suivans, pour être convaincu de cette vérité.

Dans les *labiées*, la lèvre supérieure, beaucoup moins développée que l'inférieure, la petite division du stigmate, la cinquième étamine qui avorte, et celles des quatre graines nues qui ne se développent pas, regardent toutes l'axe principal de la plante.

Celui des deux ovaires qui, dans quelques *apocynées*, avorte; ceux, au nombre de deux, dans le dattier, et ceux, au même nombre, qui, dans les *graminées*, ne reçoivent pas même un commencement de développement extérieur, et qui avortent également, sont situés entre celui qui persiste et l'axe [1].

L'irrégularité des fruits des *légumineuses* et surtout de celui des *papilionacées*, ayant leur petit côté, celui qui porte les graines, constamment tourné vers l'axe, semble, par cette forme et cette disposition, réclamer une partie semblable à celle qui s'est développée, partie qui, dans le

---

[1] La plupart des fleurs papilionacées s'opposent à cette règle générale. La cinquième feuille de ces sortes de corolles, celle que l'on nomme l'étendard, quoique étant dirigée vers l'axe, est plus développée que les quatre autres, placées plus extérieurement.

hæmatoxylon campechianum, et dans les *mezonevron glabrum* et *pubescens* (Desf.), en reçoit un rudiment dans les ailes membraneuses qui bordent le côté intérieur de ces fruits [1].

TABLEAU XVII.

Fleurs unisexuelles et neutres.

1. DATTIER *cultivé* (*phœnix dactylifera*, Lin.). Fleur mâle par avortement de l'axe (pistil).

2. Fleur femelle par avortement des étamines.

3. La même, dont on a écarté la corolle pour faire voir les trois pistils et, en *a*, les six rudimens d'étamines.

4. MAÏS, *blé de Turquie* (*zea maïs*, Lin.). Fleur mâle : *a*, lobes du *phycostème; b*, bractée; *c*, spathelle ou réunion soudée de deux bractéoles latérales.

5. Fleurs femelles *géminées;* ovaires se prolongeant par deux styles soudés dans presque toute leur longueur.

Obs. On voit quelquefois se développer, d'une manière interrompue, sur les panicules mâles du maïs, des portions d'épi de fruit, et souvent sur le même pied les épis femelles, en se divisant en un certain nombre d'axes, donner à leur tour quelques fleurs mâles.

6. FILAO *à quatre valves* (*casuarina quadrivalvis*, Labill.). Fleur mâle, monandre, verticillée, et formant épi dans la plante : *a*, calice bilabié, légèrement trilobé; *b*, corolle s'ouvrant de bas en haut, comme celle de la vigne (*vitis vinifera*).

7. Fleur femelle.

8. ARBRE A PAIN *d'Otahiti* (*artocarpus incisa*, Lin.). Fleur mâle : *a*, calice tubuleux, trigone, tronqué.

9. Deux fleurs femelles : *a*, on a enlevé sur celle-ci une petite portion du calice tubuleux et conique, afin de laisser voir la forme de l'ovaire et la situation latérale du style.

[1] Je prie de remarquer que les fruits que nous venons de citer, et dans lesquels il se fait un premier effort vers la symétrie, appartiennent à ce premier groupe des *légumineuses*, dont les fleurs ne présentent encore que très-légèrement cette irrégularité que plus loin on aperçoit dans celles des *papilionacées.* J'apprends, à l'instant, que M. Decandolle possède un péricarpe légumineux, qui est biloculaire et parfaitement symétrique.

10. RICIN *commun* (*ricinus communis*, Lin.). Fleur mâle ou peut-être réunion de fleurs mâles.

11. Fleur femelle.

12. CHÂTAIGNIER *commun* (*castanea vesca*, Willd.). Fleur mâle.

13. Involucre entourant trois fleurs femelles avec étamines rudimentaires : *a*, calices placés au-dessus des ovaires.

14. Coupe longitudinale d'une fleur femelle isolée : *a*, étamines rudimentaires, au nombre de douze, situées sur deux rangées et alternant entre elles et les lobes du calice; *b*, lacune ovarienne remplie d'une substance spongieuse, analogue au tissu cellulaire ménagé au centre des tiges des végétaux dicotylédons, et que l'on nomme improprement moelle.

15. MORÈNE *aquatique* (*hydrocharis morsus-ranæ*, Lin.). Fleur mâle.

16. Fleur femelle : *a*, les trois lobes du phycostème.

Obs. Dans la fleur mâle, les étamines me paraissent soudées avec les styles, et, dans la fleur femelle, les trois lobes du phycostème sont les étamines réduites à l'état rudimentaire.

17. VIORNE *obier* (*viburnum opulus*, Lin.). Fleur neutre par avortement du pistil et des étamines.

TABLEAU XVIII.

Fleurs hermaphrodites, monocotylédones.

Les végétaux monocotylédons, c'est-à-dire ceux dont l'embryon n'a que des feuilles isolées et alternes, composent le premier groupe des *appendiculaires;* leur organisation, plus simple que celle des dicotylédons ou embryons à feuilles associées et opposées, présente, dans toutes ses parties, un tissu vasculaire dont les fibres, disposées parallèlement, ne s'anastomosent entre elles que peu ou point.

Le nombre trois et ses multiples six, neuf et douze, sont naturels à ce groupe.

Les nœuds-vitaux, peu nombreux, sont la plupart stériles ou ne produisent que des fleurs : il y a peu d'embryons-fixes, développés en rameaux, conséquemment peu d'augmentation en diamètre dans ces végétaux.

Les fleurs présentent, dans leur composition, les nombres dont nous venons de parler, et, dans leur organisation tissulaire, cette disposition longitudinale et parallèle du tissu vasculaire.

1. BROME *des buissons* (*bromus asper*, Lin., f.) : *a*, l'axe ; *b*, bractée, celle qui, dans les graminées, tourne le dos à l'extérieur ; qui est toujours munie d'une nervure médiane ; *bb*, prolongement en arête de la nervure médiane ; *c*, spathelle, manquant de nervure médiane, adossée à l'axe et étant constamment le produit de deux bractéoles latérales et soudées ; *d*, lobes du *phycostème* ; *e*, étamines ; *f*, ovaire ; *g*, stigmates.

2. SCIRPE *des marais* (*scirpus palustris*, Lin.) : *a*, bractée ; *b*, *phycostème* ; *c*, étamines ; *d*, ovaire ; *c*, base renflée du style ; *f*, stigmates.

3. LINAIGRETTE *à feuilles étroites* (*eriophorum angustifolium*, Schrad.) : *a*, bractée ; *b*, *phycostème* ; *c*, étamines ; *d*, ovaire ; *e*, base renflée du style ; *f*, stigmates.

4. TRILLIUM *rhomboideum*, Mich^x. : *a*, folioles extérieures du calice ; *b*, *id.* intérieures.

5. LIS *superbe* (*lilium superbum*, Lin.).

6. LIS *de Saint-Jacques* (*amaryllis formosissima*, Lin.) : *a*, l'axe ; *b*, nœud-vital qui a contenu la fleur et dont le bord donne naissance à la feuille rudimentaire que l'on nomme spathe ; *c*, spathe ; *d*, folioles extérieures du calice ; *e*, *id.* intérieures.

7. ÉPHÉMÈRE *de Virginie* (*tradescantia Virginica*, Lin.).

8. PÉLÉGRINE *tachetée* (*alstroemeria pelegrina*, Lin.) : *a*, folioles extérieures du calice ; *b*, *id.* intérieures.

9. IRIS *de Perse* (*iris Persica*, Lin.) : *a*, ovaire.

10. BANANIER *à grand fruit* (*musa paradisiaca*, Lin.) : *a*, ovaire ; *b*, folioles extérieures du calice ; *c*, étamines stériles ; *d*, stigmate fertile.

11. OPHRYS *abeille* (*ophrys apifera*, Sw.) : *a*, ovaire ; *b*, folioles extérieures du calice ; *c*, *id.* intérieures ; *d*, *phycostème* sous le masque duquel résident trois étamines qui quelquefois se développent lorsque ces fleurs irrégulières se symétrisent. Cette partie est le labelle des botanistes ; *e*, columelle formée par la réunion soudée du style avec trois étamines : l'une de ces étamines, la seule qui se déve-

17e. *Livraison.*

loppe dans l'état ordinaire de ces plantes, se manifeste, au sommet de la columelle, sous l'apparence d'une boîte anthérifère à une ou à plusieurs loges, qui contiennent les masses polliniques ; les deux autres, rudimentaires et situées sur les bords latéraux et intérieurs de la columelle, ont été nommées *staminodes* par M. Richard.

TABLEAU XIX.

Fleurs hermaphrodites, dicotylédones.

Une quantité prodigieuse de nœuds-vitaux produisant de nombreux rameaux, donnent aux végétaux de ce groupe un aspect qui les distingue facilement des précédens. Autant le nombre trois se manifeste dans les parties de la fructification des monocotylédons, autant celui de cinq et de ses multiples se montre dans les dicotylédons.

1. REINE-MARGUERITE (*aster chinensis*, Lin.), CALLISTEMME *des jardins* (*callistemma hortensis*, H. Cass.) : *a*, ovaire ; *b*, partie extérieure du calice fimbrillé ; *c*, partie intérieure ; *d*, lèvre inférieure et tridentée, la seule qui se développe de la corolle ; *e*, les trois dents ; *f*, stigmates. Femelle par avortement des étamines.

Obs. Dans quelques espèces de plantes de cette famille, ces fleurs présentent cinq étamines rudimentaires. Observez, comme je l'ai déjà dit en parlant de l'irrégularité des fleurs et des fruits, que les deux divisions de cette corolle, destinées à la symétrie et à former le nombre cinq, manquent du côté intérieur, ou plutôt du côté qui regarde le centre de l'axe déprimé, qui porte les fleurs. Ces deux divisions, en se développant quelquefois plus ou moins, ont servi de caractère au petit groupe des bilabiatiflores.

2. Fleur régulière, hermaphrodite de la plante précédente : *a*, ovaire ; *b*, partie extérieure du calice fimbrillé ; *c*, partie intérieure ; *d*, corolle ; *e*, étamine ; *f*, stigmates.

Obs. Dans quelques espèces de synanthérees, on voit que les fleurs hermaphrodites du disque se régularisent à mesure qu'elles approchent du centre ou de la partie terminale de l'axe.

3. BRUYÈRE *cendrée* (*erica cinerea*, Lin.).

4. LISERON *des champs* (*convolvulus arvensis*, Lin.).

5. CAMPANULE *gantelée* (*campanula trachelium*, Lin.).

6. LUNAIRE *annuelle* (*lunaria annua*, Lin.) : *a*, sortes de gibbosités produites par les glandes du phycostème.

7. DIGITALE *pourprée* (*digitalis purpurea*, Lin.).

Obs. Corolle légèrement bilabiée; lèvre bifide moins développée, située du côté de l'axe.

8. SAUGE *des prés* (*salvia pratensis*, Lin.).

Obs. Lèvre bifide du calice et de la corolle, ainsi que le petit stigmate, située du côté de l'axe.

9. LOBÉLIE *éclatante* (*lobelia fulgens*, Willd., *Enum.*) : *a*, calice; *b*, lèvre extérieure trifide de la corolle; *c*, filets des étamines soudés en tube; *d*, anthères également soudées; *e*, stigmate bilobé et papilleux.

Obs. Lèvre bifide du calice et de la corolle, souvent deux anthères moins développées, située du côté de l'axe.

TABLEAU XX.

Fleurs hermaphrodites, dicotylédones.

1. ASCLEPIAS *à la ouate* (*asclepias Syriaca*, Lin.) : *a*, folioles du calice; *b*, corolle réfléchie; *c*, phycostème formant cinq cornets; *d*, cornicules du phycostème; *e*, fissure ou intervalle produit par le rapprochement de deux anthères; *f*, partie terminale et membraneuse du connectif des anthères, s'appliquant sur le sommet du stigmate; *g*, stigmate; *h*, corpuscules cornés, sous chacun desquels émane le filet commun de deux masses polliniques qui se logent dans deux anthères différentes.

. *Obs.* Cette fleur, sur laquelle MM. de Lamarck, Desfontaine, Richard et beaucoup d'autres botanistes très-distingués ont diversement écrit pour en expliquer la structure, me semble, quoique en apparence plus compliquée que celle d'une campanule, tout aussi simple et tout aussi symétrique, dès que l'on ne compte pour rien les parties simplement accessoires et les soudures que subissent certaines de ses parties.

Un calice, une corolle, cinq étamines dont les filets se soudent en un tube qui entoure les deux ovaires, et donnent naissance à des appendices corniculés, à anthères libres et bordées par des membranes terminales et latérales; deux

ovaires surmontés d'un stigmate commun, composent cette
fleur, dans laquelle deux seules choses paraissent difficiles
à expliquer : c'est, d'une part, l'usage des corpuscules
cornés, et, de l'autre, pourquoi ces mêmes corpuscules envoient des masses polliniques à deux anthères différentes.

2. ROSE *de chien* (*rosa canina*, Lin.).

3. GUIMAUVE *des boutiques* (*althœa officinalis*, Lin.) :
a, filamens des étamines soudés en un tube qui embrasse le
pistil ; *b*, anthères libres ; *c*, stigmates.

4. BAGUENAUDIER *en arbre* (*colutea arborescens*, Lin.).
Fleur irrégulière, papilionacée.

5. CASSE *corymbifère* (*cassia corymbosa*, *Encycl.*) :
a, pétales supérieurs, ceux qui répondent à l'étendard re-
levé de la figure 4 ; *b*, pétales latéraux représentant les
ailes des papilionacées ; *c*, pétale inférieur équivalant à ce
que l'on nomme carène dans les fleurs que nous venons de
citer ; *d*, trois étamines fertiles ; *e*, quatre autres stériles ;
f, trois autres enfin réduites à l'état rudimentaire ; *g*, pistil.

Obs. Si l'on considère la situation de cette fleur relativement à l'axe principal du végétal qui la porte, on voit que
les parties qui la composent diminuent ou avortent en raison
de ce qu'elles sont plus près de l'axe : les trois grands pétales, les trois étamines fertiles, le stigmate unilatéral et le
côté convexe de l'ovaire sont situés à l'extérieur, tandis que
le contraire a lieu pour les deux petits pétales, les trois étamines rudimentaires et les quatre stériles, le sillon du stigmate et le côté plat de l'ovaire qui, comme l'on sait, porte
les ovules.

6. ANET *fenouil* (*anethum fœniculum*, Lin.). Fleur régulière, comparable à celles du centre de l'inflorescence des
synanthérées.

7. BERCE *des prés* (*heracleum sphondylium*, Lin.) :
a, partie supérieure du pétale recourbée ; *b*, parties latérales ; *c*, phycostème. Fleur irrégulière, prise à la circonférence d'une ombelle, et que l'on peut justement comparer à
celle ligulée d'une synanthérée à inflorescence radiée, ou,
mieux encore, à celles placées à l'extérieur de l'inflorescence
de la *scabiosa columbaria* (Tabl. XVI, fig. 2, *a*). Toujours
les parties les plus développées sont à l'extérieur.

8. DAUPHINELLE *élevée* (*delphinium elatum*, Lin.) :
a, partie inférieure de la foliole calicinale supérieure, ter-

minée en corne tubulée; *b*, les cinq folioles inégales du calice; *c*, deux pétales supérieurs; *d*, *id.* inférieurs; *e*, feuilles
rudimentaires, auxquelles, dans beaucoup de végétaux, l'œillet par exemple, on donne le nom de calicule.

Obs. Un cinquième pétale manque à la corolle; les deux
supérieurs, *c*, sont pourvus chacun d'un éperon qui a celui,
a, du calice pour fourreau : les étamines sont jetées à l'extérieur, et, lorsqu'il y a avortement d'ovaire, c'est le plus
extérieur qui persiste. On peut faire ici un rapprochement
entre l'avortement *visible* des deux ovaires, situés du côté
de l'axe, dans certaines espèces de *delphinium*, et celui *invisible* de ceux, également intérieurs, des *graminées*. Dans
les uns et les autres, c'est toujours les plus intérieurs qui
avortent et le plus extérieur qui persiste, et dont l'obliquité
et l'irrégularité attestent que son défaut de symétrie n'est dû
qu'au manque de parties semblables, avortées entre lui et
l'axe duquel émane la fleur.

9. ROSE *pompon* (*rosa pomponia*). Fleur prolifère.
Obs. Une nourriture abondante apporte souvent un certain désordre dans les parties de la fructification des végétaux : certains organes destinés à remplir des fonctions
essentielles au développement des embryons-graines, deviennent les uns des feuilles, et les autres, en continuant de s'allonger, des rameaux. Pour peu que l'on compare les fig. 2
et 9 de ce Tableau, on s'aperçoit aisément que les filéts des
nombreuses étamines placées autour des pistils de la première, se sont élargis en feuilles pétaliformes dans la seconde,
et que ces élargissemens ont produit l'avortement des anthères qui les terminaient.

Il faut convenir que si la rose, l'œillet et l'anémone qui
ornent nos parterres; la poire, la prune et surtout la pêche,
sont des monstres, que les monstres végétaux ont pour nous
autant d'attraits, que ceux des animaux sont hideux et re-
poussans.

10. LINAIRE *commune* (*linaria vulgaris*, Willd., *Enum.;*
ANTIRRHINUM *linaria*, Lin.), PÉLORE (*peloria*, Lin.) :
a, folioles du calice; *b*, gibbosités tubuleuses répondant à
chacun des cinq pétales soudés; *c*, tube formé par la réunion
soudée des pétales; *d*, parties supérieures et libres des pétales; *e*, parties bombées de l'orifice du tube corollaire, et
auxquelles, dans les fleurs irrégulières de cette famille, on
a donné le nom de *palais*.

Obs. Je ne puis être de l'avis des botanistes qui regardent cette fleur comme une monstruosité; je pense, au contraire, que l'irrégularité, quoique constante, de celles d'un assez grand nombre de groupes de végétaux, tels que les *labiées*, les *personnées*, les *orchidées*, etc., est, comme je l'ai déjà dit, due à un vice organique et intérieur qui, pour l'instant, nous est inconnu, mais que nous ne devons pas désespérer de démasquer un jour, et que, de temps à autre, certains individus plus favorisés dans leur organisation tissulaire, en produisant des fleurs régulières, nous révèlent que le vœu primitif de la nature a été, pour tous les végétaux, cette symétrie que présente passagèrement la *pélore*, dont il est ici question.

Toutes ces fleurs qui, de l'état constant et irrégulier, passent à celui naturel et momentané, produisent des embryons-graines fertiles, qui continuent de reproduire des individus à fleurs régulières jusqu'au moment où leur descendance est frappée de ce vice organique dont nous avons parlé, et qui paraît inhérent à certains végétaux, comme le sont ceux qui affligent certaines races d'hommes.

TABLEAU XXI.

Calices et corolles.

En suivant sur les tiges les organes appendiculaires qui s'y développent, on s'aperçoit qu'ils sont faibles et rudimentaires vers les deux extrémités; que les écartemens qui les séparent dans la partie moyenne des tiges sont nuls ou presque nuls; et qu'enfin, vers ces extrémités, ils se soudent souvent entre eux [1] : tels sont, d'une part, les feuilles coty-

---

[1] Ces soudures se manifestent, d'une part, sur la partie faible et naissante du végétal, dans les feuilles cotylédonaires du plus grand nombre des embryons-graines monocotylédons, et dans la plupart des feuilles écailleuses ou cotylédons des bourgeons (embryons-fixes) qui se soudent en une gaîne complette; et, de l'autre, sur la partie terminale et épuisée, dans les feuilles rudimentaires ou bractées soudées par deux, comme celles qui composent la valve intérieure de la prétendue corolle des graminées, ou, en un plus grand nombre, comme dans les involucres cupulaires du gland et de la châtaigne; dans celles qui composent les calices et les corolles, auxquels on a improprement donné les noms de monophylles et de monopétales; dans les étamines monadelphes, diadelphes, polyadelphes et syngénèses; et enfin dans la réunion soudée des lobes du phycostème en un anneau ou en un sac qui enveloppe l'ovaire en entier.

lédonaires et les écailles des bourgeons ; de l'autre, ces feuilles épuisées que l'on désigne par les noms de bractées, de calices, de corolles, d'étamines et de phycostèmes.

En continuant d'observer comparativement et philosophiquement tous les organes qui composent le système appendiculaire d'une plante ; en ne s'en laissant point imposer par de simples apparences de forme, de grandeur, de couleur ou même d'organes surajoutés, tels que les *anthères*, on reste complétement convaincu de la parfaite identité qu'ont entre eux tous ces organes appendiculaires ; on voit que tous sont assujettis aux mêmes lois ; que tous, comme organes protecteurs, naissent sur le bord d'un nœud-vital [1] ; que tous sont terminés et traversés par une nervure médiane, ou plutôt par un faisceau de vaisseaux qui se répandent et se divisent dans toutes les parties de la lame ; que tous enfin présentent la même situation relative, en alternant sans cesse, dans le sens longitudinal de la tige ou axe dont ils émanent [2].

Les distinctions que l'on a établies pour les organes appendiculaires, bonnes sans doute pour la commodité de

En poussant l'observation plus loin, on s'aperçoit que d'autres organes foliacés, analogues à ceux que nous venons de citer, forment encore, par soudure, les péricarpes et même les tuniques propres qui protégent et abritent immédiatement cette sorte de petit rameau destiné à s'isoler de la mère, et auquel on a donné le nom d'embryon ; mais une chose très remarquable, c'est la fréquence et le complément de toutes ces soudures, à mesure que les organes dont nous avons parlé se rapprochent du petit être pour lequel ils semblent tous avoir été créés. La tunique propre de la graine est tellement soudée, qu'elle n'offre jamais de déhiscence ; le péricarpe, toujours le produit d'une ou plusieurs feuilles rapprochées et soudées par leurs marges, est le plus généralement clos de toute part ; mais, le plus souvent, les pièces qui le composent se dessoudent dans la maturité pour donner passage aux graines ; enfin, les phycostèmes, les étamines, les corolles, les calices et les bractées présentent bien plus souvent des soudures, que les autres feuilles plus développées et plus espacées de la tige.

[1] Aux deux extrémités de l'axe du végétal, les nœuds-vitaux se développent peu ou point ; ceux que bordent les premières feuilles, les cotylédons, produisent rarement des embryons-fixes ou bourgeons ; ceux protégés par les écailles du bourgeon restent dans l'inaction ; et enfin ceux placés vers l'autre extrémité paraissent éteints, et ne sont indiqués, dans cette partie terminale, que par les organes appendiculaires de la fleur, les feuilles du calice et de la corolle et les étamines.

[2] Les étamines, opposées aux feuilles de la corolle des *berbéridées* et des *primulacées*, présentent des exceptions à cette grande loi. Ces végétaux, mieux étudiés, nous apprendront, peut-être, que le même organe peut quelquefois être doublé par un autre plus intérieur.

l'étude, disparaissent dès que sérieusement on veut se donner la peine de penser et de comparer ces organes entre eux.

Les organes appendiculaires du rameau-fleur ont été distingués en *calice*, en *corolle*, en *étamines* et en *phycostème*, auxquels on ajoute encore quelquefois ceux que l'on désigne par les noms de calicule dans l'œillet (fig. 4, *b*), et ceux, souvent polyphylles, placés au-dessous du calice de quelques *malvacées*.

De petites feuilles, rudimentaires par épuisement, plus ou moins rapprochées, libres ou soudées entre elles, vertes ou parées des plus vives couleurs, réduites aux bases pétiolaires des autres feuilles de la tige, devenant, par suite de cet épuisement, scarieuses, transparentes et même fimbrillées dans les *synanthérées* (fig. 9, 10, *b*, et fig. 12, *a*), forment la partie ou l'enveloppe la plus extérieure du rameau-fleur, celle que l'on est convenu de nommer le calice.

La nature, comme pour nous ouvrir les yeux sur la véritable analogie des organes, semble avoir posé çà et là des exemples, dans lesquels elle nous montre, d'une manière frappante, comment elle passe d'une modification à une autre. Le calice, composé de huit ou neuf feuilles rudimentaires et écailleuses, alternes et imbriquées des *camellia;* les trois feuilles multifides de la collerette des *anémones* devenant, en se rapprochant de la fleur des *hépatiques*, un calice composé de trois folioles simples; celui des *roses* dont les cinq parties qui le forment, allant toujours en diminuant de l'extérieur à l'intérieur, se developpent, dans certaines espèces, en feuilles tout aussi composées que celles de la tige; et enfin celui des *pivoines*, dans la composition duquel on trouve la réunion des feuilles laminées de la tige et celles rudimentaires des calices, offrent quelques-uns de ces nombreux exemples, qui prouvent jusqu'à l'évidence l'identité des organes appendiculaires du calice avec ceux de la tige.

Ces preuves d'identité, que, presque toujours, nous sommes obligés d'aller chercher dans l'observation de plusieurs individus comparés entre eux, se trouvent quelquefois accumulées sur le même point : telle se présente l'une de nos plus belles fleurs indigènes, celle du *nymphæa alba*, dans laquelle les organes appendiculaires qui la composent, passent, imperceptiblement, des folioles vertes et robustes du calice à celles blanches et délicates de la corolle, et de celles-ci, en se rétrécissant et en recevant insensiblement le développement d'une anthère, aux étamines les plus parfaites.

De l'excessif rapprochement des organes appendiculaires les plus extérieurs du rameau-fleur, disposés alternativement et en spirale dans les *camellia*, les *pivoines*, les *cistes* et les *marcgravia* (fig. 13); ou opposés-verticillés et libres, comme dans la *renoncule* (fig. 16, *a*); ou enfin verticillés et soudés, comme dans l'*œillet* (fig. 4), est née la dénomination de calice, que l'on a attachée à l'association plus ou moins intime de ces petites feuilles rudimentaires.

De l'indépendance des feuilles du calice (fig. 16, *a*), ou de la réunion, par soudure, de ces mêmes feuilles (fig. 4), on a tiré le caractère qui sert à distinguer cette enveloppe en calice polyphylle et en calice monophylle. La première de ces dénominations est rigoureusement bonne; mais la seconde, comme l'a très-bien observé M. Decandolle [1], est fautive, en ce que les calices monophylles (sauf les bractées des *cissampelos*, qui en ont usurpé le nom) sont toujours l'assemblage de plusieurs feuilles greffées, plus ou moins, entre elles.

Indépendamment des soudures que les folioles des calices éprouvent entre elles, elles en subissent encore d'autres en se greffant plus ou moins, par leur face intérieure, avec la ou les pièces foliacées qui constituent l'ovaire. Depuis l'ovaire parfaitement libre ou supérieur aux feuilles calicinales de la *cerise* ou du *lis*, placé au fond du calice, jusqu'à celui adhérent de la *pomme* ou de la *grenade*, situé au-dessous, se présentent un grand nombre de passages intermédiaires, parmi lesquels on remarque ceux semi-adhérens des *samolus valerandi*, des *saxifrages*, des *feuillea trilobata* et *cordata* (boîte à savonnette), et ceux, presque adhérens, des *momordica operculata* et *luffa fœtida*.

Le calice est régulier ou symétrique lorsque les petites feuilles, libres ou soudées, qui le composent sont parfaitement semblables entre elles : tel est celui des *renoncules* (fig. 16, *a*), des *borrago*, de l'*œillet* et du *physalis* (fig. 4 et 5); il est irrégulier quand ces mêmes feuilles présentent entre elles des différences de grandeur, comme dans ceux

---

[1] *Théorie élément.* Deuxième édition, pag. 390.

des *labiées*, ou des différences de formes, semblables à celles que l'on observe dans les gibbosités et les éperons corniculés dans la *capucine*, les *orchis*, les *delphinium*, etc.

Il est important de faire remarquer que le plus grand nombre des divisions de ces calices irréguliers, et en même temps celles qui, le plus ordinairement, acquièrent le plus de développement, sont situées du côté extérieur relativement à l'axe qui a donné naissance à celui de la fleur.

Les feuilles du calice, dans les *papavéracées*, abandonnent celles de la corolle au moment même de l'anthèse ou épanouissement de la fleur : dans les *crucifères*, le calice et la corolle tombent presque en même temps ; dans les *anagallis* et beaucoup d'autres, le calice ne se désarticule pas, mais il se dessèche et persiste en cet état, auquel on a donné le nom de *marcescent* ; dans d'autres, il conserve la faculté de croître (calice accrescent) et de se développer avec le fruit, ceux des physalis (fig. 5), et de simuler un péricarpe dans celui charnu et coloré du *duranta plumieri*.

Le calice le plus singulier que nous connaissions, est celui, parfaitement sessile, de la pistache de terre (*arachis hypogœa*) : son tube long et grêle, dans l'intérieur duquel passe le style, a été pris, avant l'observation de **M. Poiteau**, pour le pédoncule de la fleur.

La corolle, placée en dedans du calice ou plutôt au-dessus de lui, étant plus rapprochée de la partie terminale de l'axe pistillaire, les petites feuilles qui la composent sont, par suite de cet épuisement qu'éprouvent les organes appendiculaires à mesure qu'ils naissent plus près du sommet des rameaux, d'un tissu plus délicat, et en même temps plus susceptibles de se colorer. Presque toujours verticillées, ces petites feuilles, auxquelles on a donné le nom de pétale, se soudent entre elles ou restent libres ; mais plus sujettes à manquer, dans les fleurs, que celles du calice, leur absence, comme l'a très-bien observé M. de Jussieu, constate toujours la présence d'un calice, quelles que soient la nature et la couleur de ce dernier [1].

---

[1] On ne devine pas pourquoi, dans les fleurs des *liliacées*, et, en général, de toutes les monocotylédones, dont l'enveloppe plus ou moins colorée se compose de deux rangées ou verticilles de trois feuilles superposées, on n'a voulu voir qu'un calice, lorsque c'est contraire à toute espèce d'analogie.

(129)

L'onglet des pétales, quelquefois très-long, comme dans
le *garidella*, est aux feuilles de la fleur ce que sont les pétioles aux feuilles de la tige.

Calices.

1. EUCALYPTUS *resinifera*, Smith. Calice supérieur, monophylle, calyptré ; folioles soudées.

2. *Id*. Fleur épanouie : *a*, calice détaché.

3. FISSILIA *disparilis*. Calice inférieur, monophylle, cupulaire, à bord entier.

4. OEILLET *des sables* (*dianthus arenarius*, Lin.). Calice
inférieur, monophylle, tubuleux, quinquédenté : *a*, feuilles
rudimentaires ; *b*, quatre autres opposées par couples, formant le calicule des auteurs.

5. COQUERET *alkekenge* (*physalis alkekengi*, Lin.). Calice inférieur, monophylle, accrescent, enflé et persistant :
a, partie déchirée du calice pour faire voir le fruit.

6. ERYTHRONIUM *dens-canis*, Lin. Calice inférieur, polyphylle, coloré.

7. CHAMELAUCIUM *plumosum* (Desf., *Mém. du Mus.
d'hist. nat.*). Calice supérieur, polyphylle, scarieux et plumeux : *a*, involucre diphylle.

8. *Id*. Fleur épanouie dépourvue de son involucre et de
sa corolle : *a*, étamines.

9. STEVIA *pedata* (Cav. *Ic.*), FLORESTINA *pedata* (H.
Cassini). Calice supérieur, polyphylle, scarieux et cilié :
a, phycostème ; *b*, folioles du calice.

10. GALINSOGA *triloba* (Cav. *Ic.*). Calice supérieur,
polyphylle, scarieux et cilié : *a*, phycostème ; *b*, folioles du
calice.

11. SCABIEUSE *colombaire* (*scabiosa columbaria*, Lin.).
Calice supérieur, polyphylle : *a*, partie terminale de l'involucre ; *b*, feuilles du calice réduites aux nervures médianes.

12. PISSENLIT (*leontodon taraxacum*, Lin.), TARAXA-
CUM *dens-leonis*, Desf. Calice supérieur, polyphylle, fimbrillé, réduit au système vasculaire : *a*, sommet du fruit
sur lequel sont insérées les fimbrilles du calice.

Obs. En jetant les yeux sur les figures 5, 8, 9, 10, 11
et 12, on s'aperçoit aisément que tous ces calices sont au

fond parfaitement identiques, et qu'ils ne diffèrent entre eux que par de simples modifications de formes.

La nature, dans tout ce qui tient à l'organisation des êtres vivans, n'a point de secret : qui la connaît bien sur un coin du tableau, la connaît partout ; mais sa marche constante et graduée ne peut être expliquée qu'en la suivant pas à pas. L'étude des faits isolés n'apprend rien ou presque rien ; celle des analogies peut seule nous apprendre quelque chose : ce n'est que par ce moyen que l'on parvient à reconnaître, dans le calice soudé et vésiculeux du coqueret (fig. 5), et celui fimbrillé du pissenlit (fig. 12), le même organe.

Corolles.

13. MARCGRAVIA *umbellata*, Vahl. Corolle monopétale, calyptrée, pétales soudés.

14. *Id.* Fleur épanouie : *a*, corolle détachée.

15. TABAC (*nicotiana tabacum*, Lin.). Corolle monopétale, composée de cinq feuilles verticillées et soudées dans presque toute leur totalité : *a*, point d'insertion des étamines.

16. RENONCULE *âcre* (*ranunculus acris*, Lin.). Corolle polypétale, composée de cinq feuilles verticillées, libres : *a*, feuilles du calice ; *b*, feuilles de la corolle ; *c*, petites protubérances écailleuses, offrant un commencement de cette forme corniculaire que présentent les pétales des ancolies et autres plantes de la même famille ; *d*, étamines ; *e*, pistils.

TABLEAUX XXII, XXIII ET XXIV.

Étamines, pollen et fluide fécondant, phycostèmes,
pistils.

De l'étamine.

Immédiatement au-dessus de l'insertion des organes appendiculaires du calice et de la corolle, s'en développent d'autres que l'on a désignés sous le nom d'étamines, et auxquels on a accordé la faculté de féconder les embryons-graines.

L'étamine se compose, le plus ordinairement, des deux parties suivantes, le filet et l'anthère.

Le filet, qui est un pétale réduit à la nervure médiane, reprend quelquefois cette forme laminée, qui distingue tous les organes appendiculaires, dans les *nymphœa*, les *iris*, les *delphinium*, les *aulx, clematis alpina*, etc., ou bien, comme l'on sait, il devient un vrai pétale dans toutes les fleurs qui doublent. Le filet, moins important que l'anthère, manque souvent, et rend pour lors cette dernière sessile.

Dans l'anthère, presque toujours articulée sur le sommet du filet, il faut distinguer, 1°. le connectif (Tabl. xxii, fig. 5, *a ;* 6, *b*, et fig. 7, *b*); 2°. les valves, qui forment les loges (fig. 7, *c* et *cc*); 3°. cette espèce de cloison qui subdivise plus ou moins chaque loge en deux logettes, et à laquelle j'ai donné le nom de *trophopollen*, à cause de son analogie avec le trophosperme ou placenta qui porte les graines dans le péricarpe; 4°. les utricules polliniques (fig. 15) et le fluide contenu dans ces utricules, *b*.

Lorsque l'on compare les parties constituantes de l'anthère avec celles du fruit, on est tellement frappé de leur ressemblance organique, qu'on est presque tenté de croire que ces corps, auxquels on attribue généralement la faculté de féconder les embryons, ne sont eux-mêmes que des fruits latéraux et rudimentaires ; que les utricules polliniques sont des ovules stériles, et que le fluide dont ils sont remplis est le même que le fluide endospermique, dans lequel naît l'embryon des graines.

Un connectif et des *trophopollens* intérieurs, dans l'anthère, rappellent l'axe et le trophosperme ou placenta du péricarpe; des valves et des loges en nombre variable; une déhiscence, le plus souvent longitudinale (Tabl. xxii, fig. 7, *c* et *cc*), ou s'opérant par des trous situés au sommet des anthères des *solanum* (fig. 3), des *éricées* (Tabl. xxiii, fig. 2), à la base dans les pyroles, par le moyen d'opercules latéraux dans les lauriers (*laurus*) (Tabl. xxii, fig. 4, *b*), les *cassyta*, les *berberis, pistia stratiotes*, etc., ou enfin transversalement et en boîte à savonnette dans le *brosimum alicastrum*, offrent un parallèle exact entre la valvaison et tous les modes de déhiscence que nous connaissons dans les péricarpes.

Si ensuite on établit un autre parallèle entre les utricules

polliniques et les ovules destinés à protéger le développement des embryons, on voit que les uns et les autres présentent les mêmes formes ; que leur surface est tantôt lisse et
tantôt hérissée ; qu'ils communiquent avec la plante-mère,
les ovules, par le trophosperme et les utricules polliniques,
par le trophopollen ; qu'ils sont sessiles ou éloignés des placentas au moyen d'un cordon ombilical, quelquefois très-
long et très-délié dans ceux du pollen ; qu'ils contiennent un
fluide qui pourrait bien être de la même nature ; et qu'enfin
l'un et l'autre de ces organes ne s'ouvrent jamais que par
éruption.

Jusqu'ici le parallèle est juste : deux utricules très-ana-
logues, pleins d'un fluide, composent également l'ovule et
l'utricule pollinique : mais peut-être qu'en raison de la différence des situations, terminale du pistil et latérale de l'étamine, il va continuer de se développer des embryons dans
une grande partie des ovules, tandis que tous les utricules
polliniques resteront à l'état de ces nombreux ovules dans
lesquels on n'aperçoit jamais d'embryons.

Les étamines sont libres ou soudées : comme organes appendiculaires, développés à l'extrémité de la tige, elles se
soudent souvent entre elles en partie ou en totalité, et même
avec les organes qui les avoisinent, tels que la corolle, le
calice et le pistil.

Les étamines sont libres dans la tulipe et l'œillet ; elle sont
soudées par leurs filets dans les *papilionacées* (Tabl xxii,
fig. 11, *a*), les mauves, l'*adansonia digitata* (fig 9, *a*),
melaleuca hypericifolia (fig. 12, *c*) ; simplement soudées
par les anthères dans les *synanthérées* (Tabl. xxiii, fig. 3),
dans toutes leurs parties dans les *lobelia* (Tabl. xxiii,
fig. 5, *a* et *b*), avec la corolle dans les *labiées* et généralement dans toutes celles dites monopétales, avec l'ovaire dans
les aristoloches, enfin avec le style dans le genre *stylidium*
(Tabl. xxiii, fig. 7, *d*) et dans les *orchidées* (fig. 12, *b*).

La véritable insertion d'une étamine, sur l'axe du végétal,
est toujours au-dessus de celle du pétale ou de la foliole calicinale, si le pétale manque. Les distinctions d'*hypogyne*,
de *périgyne* et d'*épigyne*, résultent entièrement des diverses
soudures que subissent les étamines avec les organes appendiculaires placés au-dessous ou au-dessus d'elles.

Le nombre des étamines varie beaucoup : les *hippuris* et

les *blitum* n'en présentent qu'une ; le troëne (*ligustrum vulgare*) et le lilas en ont deux ; le plus grand nombre des *monocotylédones*, les *graminées* par exemple, en offrent le plus souvent trois ; il y en a quatre dans les *galium* et dans la plupart des *labiées ;* cinq dans les *ombellifères*, le tabac, etc. ; six dans la tulipe, l'épine-vinette, et dans presque tous les *palmiers ;* sept dans le marronier d'Inde ; huit dans les *vaccinium*, les *daphne ;* neuf dans le *butomus umbellatus ;* dix dans l'œillet, les saxifrages, douze dans les *réséda ;* un nombre indéterminé dans le pommier, le pavot, l'ancolie, etc.

Malgré cette grande diversité que présentent les étamines dans leur nombre, on s'aperçoit qu'au fond les nombres trois et cinq et leurs multiples dominent, le premier dans les végétaux monocotylédons, et le second, quoique moins général, dans les dicotylédons.

La disposition des étamines, sur l'axe, est subordonnée à la même loi que celle de tous les autres organes appendiculaires et rayonnans du végétal. Ainsi, les étamines sont isolées ou associées par couples, ou, ce qui est plus ordinaire, associées par verticilles ; elles sont isolées dans les fleurs de l'*hippuris vulgaris*, des *blitum capitatum* et *virgatum*, dans la valériane rouge (*centranthus ruber*), etc. ; associées par couples dans celles du lilas (*syringa vulgaris*), les véroniques (*veronica*), le jasmin, l'olivier, le frêne, etc. ; associées verticillées par trois dans la plupart des *graminées*, les glaïeuls, les iris ; verticillées par quatre dans les *galium*, les plantains ; par cinq dans la bourrache (*borrago officinalis*), le lierre (*hedera helix*) et le café (*coffea arabica*).

Lorsque, dans les scions-fleurs monocotylédons ou dicotylédons, on observe, pour les premiers, six, neuf, douze, quinze ou un plus grand nombre d'étamines, et, pour les seconds, dix, quinze, vingt ou plus, cette augmentation a toujours lieu par la répétition de plusieurs verticilles superposés et dont les étamines qui composent ces verticilles, au nombre de trois dans les monocotylédons, et généralement de cinq dans les dicotylédons, comme organes appendiculaires, alternent entre elles d'un verticille à l'autre.

C'est à cette disposition superposée des verticilles qu'est due cette inégalité que l'on remarque dans la grandeur des étamines lorsque, dans un scion-fleur monocotylédon, il y a six étamines au lieu de trois, comme dans les liliacées, le plus grand nombre des palmiers, quelques graminées, etc., ou dans un scion-fleur dicotylédon, au lieu du nombre cinq, qui y domine le plus généralement, il présente dix étamines, comme, par exemple, dans les *melastoma*, les *silene*, l'œillet, etc.

Il est aisé de concevoir que, d'après cette disposition commune à tous les organes appendiculaires du végétal composé, qui, comme l'on sait déjà, vont toujours en diminuant à mesure qu'ils se développent plus près de la partie terminale des axes, le premier ou le plus inférieur des verticilles staminifères doit se composer d'étamines moins épuisées que celles qui forment celui ou ceux placés immédiatement au-dessus.

Le verticille que composent les organes appendiculaires développés vers la partie terminale des axes, tel que celui de la plupart des calices, des corolles, des étamines, des phycostèmes et des feuilles ovariennes, n'a lieu que par l'excessif rapprochement de ces organes, et conséquemment par la disparition entière des articles ou mérithalles qui écartent les feuilles sur les tiges. Malgré cet excessif rapprochement dont nous venons de parler, les étamines, dans leur disposition, conservent celle des autres organes appendiculaires situés dans la partie intermédiaire des tiges; je veux dire que lorsqu'elles sont nombreuses, comme dans les renonculacées et les magnoliers, elles décrivent, en cette partie de l'axe, une spirale dont les tours sont très-rapprochés. Une telle disposition s'obtiendrait pour les feuilles répandues le long des tiges, s'il était possible de faire disparaître les mérithalles qui les séparent, en les faisant rentrer en eux-mêmes, comme on le fait des tubes particuliers d'une longue-vue.

Du pistil.

Le pistil est l'enfance du fruit : dans son état le plus parfait, on y a distingué les trois parties suivantes, l'ovaire, le style et le stigmate. La première est la plus essentielle; la seconde, sans doute peu utile, manque souvent, et la troisième n'est peut-être pas aussi nécessaire qu'on le croit généralement.

L'ovaire contient et protége les ovules : ceux-ci, clos de

toute part, remplis d'un fluide qui doit, plus tard, servir de nourriture à l'embryon-graine, sont sessiles ou pédiculés (cordon ombilical). Leur insertion, ou point de départ des placentas ou trophospermes, présente trois modes principaux ; savoir : 1°. elle est axifère lorsque les ovules naissent sur un axe central, comme dans les *primulacées*, les *caryophyllées*, les *euphorbiacées*, etc. ; 2°. marginale quand ils émanent des bords marginaux et rentrans de la feuille ovarienne, comme dans les *légumineuses*, le *colchique*, *gloriosa superba*, etc. ; 3°. médivalve quand ils partent de la nervure médiane de la feuille *ovarienne ;* par exemple, les *iridées*, la tulipe, l'ornithogale, le *bixa*.

Des observations suivies sur la formation et la complication des corps reproducteurs des végétaux, comparés entre eux du plus simple au plus composé, m'ont appris que le pistil se composait encore d'un ou de plusieurs organes appendiculaires et foliacés, dont la lame roulée sur elle-même de l'extérieur à l'intérieur, et en se soudant par ses marges plus ou moins rentrantes à l'intérieur, formait le pistil et, par suite de développement, le péricarpe ; que la nervure médiane de ces feuilles *ovariennes*, en se prolongeant plus ou moins au-delà de la lame soudée, produisait le style, et s'arrêtait, le plus souvent, en une houpe papilleuse et stigmatique.

Si l'on se rappelle bien une *pteris* à feuilles simples, on verra que c'est toujours sur la face externe des feuilles les plus *terminales de la plante*, que se développent, marginalement, les corps reproducteurs ; et que si on prend une de ces feuilles libres et fructifères, qu'on la roule sur sa face interne, que l'on rapproche les deux marges de manière à les souder entièrement, et à faire rentrer à l'intérieur du cornet les deux marges qui portent les graines ; que l'on allonge, par la pensée, la nervure médiane au-delà de la lame soudée, on aura l'analogue du fruit irrégulier, de la pêche, ou, mieux encore, celui d'une *légumineuse papilionacée*. Il est inutile de dire qu'un plus grand nombre de ces feuilles *ovariennes*, ainsi roulées, soudées et rapprochées, donne les péricarpes composés et rayonnans des gentianes, du colchique, de la fraxinelle, de la mauve (voyez, à ce sujet, ma définition du péricarpe, pag. 48).

L'ovule lui-même est le dernier organe appendiculaire

de la plante; c'est encore une feuille soudée de toute part et toujours indéhiscente. Cette feuille *ovulaire*, comme toutes les autres feuilles du végétal, naît sur le bord d'un nœud-vital, qu'elle protége, et ce nœud-vital est celui qui a servi de conceptacle à l'embryon-graine. Se développant immédiatement au-dessus de la feuille *ovarienne*, la feuille ovulaire est tantôt sessile et tantôt éloignée au moyen d'un dernier article ou mérithalle de la tige, dans lequel on a cru voir l'analogue du cordon ombilical des animaux (*Organ. vég.*, *Syst. axif.*, fig. 23, *c*, et fig. 27, *a*). C'est à ce développement que la végétation s'arrête et se termine le plus ordinairement; mais, dans quelques cas, faisant un nouvel effort, elle produit encore un autre article de la tige dans le *raphé* libre ou soudé (VASIDUCTE, Richard, *Organ. vég.*, *Syst. axif.*, fig. 23, *a*), et un rudiment de graine dans la *chalaze* (*Organ. vég.*, *Syst. axif.*, fig. 23, *b*). Le *raphé* et la *chalaze* représentent exactement, le premier, ce dernier article, quelquefois long et grêle, qui termine l'épillet de certaines *graminées*, et, le second, cette fleur neutre, qui, comme l'on sait, se réduit souvent au seul renflement du nœud-vital.

TABLEAU XXII.

Pistils, étamines, pollen et fluide fécondant.

1. TULIPE *sauvage* (*tulipa sylvestris*, Lin.). Étamines libres : *a*, filet subulé, en alêne, stipité et velu à sa base; *b*, anthère articulée sur le filet, bilobée, biloculaire, s'ouvrant longitudinalement.

2. LIS *blanc* (*lilium candidum*, Lin.). Étamines libres; filet filiforme; anthère articulée par son milieu sur le filet, et devenant, par cette raison, vacillante.

3. SOLANUM *à grosses anthères* (*solanum macrantherum*, Kunth *in* Humb. et Bonpl.). Étamines conniventes; filet plane; anthère bilobée, biloculaire, laissant échapper les utricules polliniques par deux ouvertures terminales.

Obs. Cette dehiscence, commune aux *solanum*, aux *éricées*, aux *mélastomées*, n'est point naturelle; elle est due à ce que, dans ces sortes d'anthères, la suture longitudinale des loges résiste dans toute sa longueur, et qu'elle ne cède qu'au

(137)

sommet. Les péricarpes du pavot, de l'*antirrhinum majus*, des campanules, des saxifrages, des caryophyllées, primulacées, etc., offrent également ces sortes de déhiscences fausses et baillantes.

4. LAURIER *avocat* (*laurus persea*, Lin.; *persea gratissima*, Gœrt., *Fil. fruct.*). Étamines libres; filet cylindrique, velu; anthère bilobée, quadrivalvulée, quadriloculaire : *a*, étamines stériles; *b*, opercules soulevés, laissant échapper le pollen.

5. ÉPHÉMÈRE *de Virginie* (*tradescantia Virginica*, Lin.). Étamines libres; filet cylindrique, barbu; poils moniliformes à articles renversés; anthère bilobée, bivalve, biloculaire; lobes distincts et écartés : *a*, connectif réniforme; *b*, poils moniliformes, composés de plusieurs cellules posées bout à bout, comparables à certains végétaux simples ou à un vaisseau cloisonné, détaché de la masse organique d'un végétal composé.

6. SAUGE *des prés* (*salvia pratensis*, Lin.). Étamines soudées avec la base de la corolle : *a*, filet; *b*, connectif allongé en balancier; *c*, l'un des lobes de l'anthère, le seul qui se développe; *d*, l'autre extrémité du connectif sur laquelle le second lobe de l'anthère paraît quelquefois.

7. PERVENCHE *grande* (*vinca major*, Lin.). Étamines libres; filet plane, pétaliforme, terminé par une membrane ciliée; anthère adnée, inarticulée, bilobée, biloculaire, s'ouvrant longitudinalement; utricules polliniques agglutinés en masse : *a*, filet; *b*, membrane appendiculaire; *c*, valves fermées; *cc*, *id.* ouverte.

8. CHAMELAUCIUM *plumosum* (Desfont., *Mém. du Mus. d'hist. nat.*). Étamines soudées, monadelphes, réunies, par la base, en un androphore annulaire, composé de vingt étamines, dont dix stériles et inanthérifères alternent avec dix autres fertiles; anthères lunulées, unilobées, uniloculaires : *a*, étamines fertiles; *b*, étamines stériles, glandulifères.

9. BAOBAB, *pain de singe* (*adansonia digitata*, Lin.). Étamines soudées, monadelphes, réunies, dans presque toute leur longueur, en un androphore colomnaire; androphore greffé, par sa base, avec les pétales : *a*, androphore; *b*, empreintes des pétales; *c*, anthères et partie libre et supérieure des étamines; *d*, ovaire; *e*, stigmate.

10. COURGE *à fleur blanche* (*cucurbita leucantha*). Éta-

mines soudées dans toutes leurs parties, légèrement distinctes à leur base; anthères soudées, linéaires, sinueuses :
a, androphore composé de la réunion de trois étamines;
b, partie non soudée des filets; *c*, anthères.

11. POIS *bisaille* (*pisum arvense*, Lin.). Étamines soudées; androphore tubulé, fendu longitudinalement, divisé
supérieurement en neuf filets anthérifères, libres : *a*, androphore; *b*, une étamine libre, servant à caractériser la
diadelphie; *c*, ovaire; *d*, style laminé, creusé en gouttière;
e, stigmate.

12. MELALEUCA *à feuilles d'hypericum* (*melaleuca hypericifolia*, Smith.). Étamines soudées, pentadelphes; androphores cylindriques, divisés supérieurement en une multitude de filets capillaires et anthérifères : *a*, calice de la
fleur; *b*, corolle; *c*, androphores; *d*, pistil.

13. GLOSSOSTEMON *bruguieri* (Desfont., *Mém. du Mus.
d'hist. nat.*). Étamines soudées et donnant lieu, par leur
réunion, à un corps linguiforme et glandulifère, *b* : *a*, anthères réniformes, bilobées et biloculaires.

14. VACOUA *utile* (*pandanus utilis*, Willd.). Étamines
soudées et réunies en un long chaton composé; androphore
particulier, solide et rameux; anthères lancéolées, bilobées
et biloculaires.

15. COURGE *pepon* (*cucurbita pepo*, Lin.). Utricule pollinique, globuleux et hispide, isolé d'une anthère : *a*, le
même vu à l'instant où il se brise; *b*, fluide qui s'en échappe.

TABLEAU XXIII.

Pistils, étamines.

1. BOURRACHE *à fleurs lâches* (*borrago laxiflora*, an-
chusa laxiflora*, D C., *Syn.*). Étamines libres entre elles,
soudées avec la base de la corolle : *a*, filet appendiculé;
anthère subulée.

Obs. L'appendice du filet, qui se retrouve également dans
la bourrache officinale, pourra servir un jour de caractère
aux vraies bourraches, en détachant de ce genre toutes les
espèces à étamines inappendiculées, et en en formant un
genre séparé.

2. **MYRTILLE** *canneberge* (*vaccinium oxycoccos*, Lin.). Étamines libres; filet subulé, aplati, velu; anthère bicornée, bilobée, biloculaire; sutures longitudinales, baillantes au sommet, et y formant des ouvertures par lesquelles s'échappent les utricules polliniques.

3. **SYNANTHÉRÉE OU COMPOSÉE.** Étamines soudées par les anthères, syngénésiques; filets libres entre eux, adhérant par leur base avec le tube de la corolle; anthères articulées sur les filets, bilobées, biloculaires; connectif se prolongeant supérieurement et inférieurement en appendices lamelliformes d'une part et filiformes de l'autre.

4. Une étamine détachée de la figure précédente : *a*, filet; *b*, articulation de l'anthère sur le filet; *c*, appendices basilaires; *d*, appendice apicilaire; *e*, lobe de l'anthère.

Obs. L'appendice apicilaire du connectif de l'anthère des synanthérées a beaucoup d'analogie avec celui qui termine les étamines d'un grand nombre de plantes de la famille des apocynées (voyez fig. 16 en *b*).

5. **LOBÉLIE** *éclatante* (*lobelia fulgens*, Willd., *Enum.*). Étamines soudées dans presque toutes leurs parties, formant une gaîne autour du pistil : *a*, androphore se désunissant à la base par l'effet de l'accroissement de la partie supérieure de l'ovaire; *b*, anthères soudées; *c*, appendices apicilaires pennicilliformes; *d*, lobes du stigmate.

6. Une anthère détachée de la figure précédente.

7. **STYLIDIUM** *laricifolium*. Étamines soudées par leurs filets et faisant corps avec le style; anthères libres, bilobées, biloculaires : *a*, foliole du calice; *b*, tube de la corolle; *c*, l'une des cinq divisions de la corolle, beaucoup plus petite que les quatre autres; *d*, filets des étamines formant un androphore soudé, dans toute sa longueur, avec le style; *c*, anthères; *f*, stigmate bilobé.

Obs. En comparant les pistils et les étamines des *lobelia* et des *stylidium*, on est étonné que l'analogie de ces deux genres ait été si long-temps méconnue : la soudure de l'androphore avec le style, un stigmate peu apparent, une cinquième division de la corolle, trifide, beaucoup plus petite que les quatre autres, et dans laquelle on croyait voir le stigmate; toutes ces choses formaient un voile, que M. Robert Brown a soulevé le premier.

8. **LECYTHIS** *bracteata*, Willd. Étamines soudées : *a*, pro-

longement latéral de l'androphore plane, charnu; *b*, anthères rudimentaires; *c*, anthères développées; *d*, ovaire et stigmate.

9. Une étamine développée, détachée de l'androphore; connectif nul; anthère bilobée, biloculaire.

10. Une étamine rudimentaire isolée de celles marquées *b*.

11. ASCLEPIAS *à la ouate* (*asclepias syriaca*, Lin.). Fleur entière ouverte longitudinalement, de manière à bien faire connaître la situation relative des divers organes qui la composent : *a*, folioles du calice réfléchies; *b*, les cinq divisions ou lobes de la corolle également réfléchies; *c*, ovaires; *d*, ovules imbriqués de haut en bas; *e*, trophospermes (placentas); *f*, tube ou androphore formé de la réunion soudée des cinq filets des étamines; *g*, sortes d'appendices corniculés qui s'échappent de chacun des filets des étamines; *h*, cornes qui compliquent les appendices dont nous venons de parler; *i*, utricules polliniques agglutinés en masse hors des sachets ou loges de l'anthère; *l*, corps corné adhérant au stigmate, d'où émanent deux masses polliniques allant se loger dans deux sachets appartenant à deux anthères différentes; *m*, stigmate commun, soudé sur le sommet des deux ovaires.

16. Deux étamines isolées, vues du côté intérieur : *a*, filets soudés; *b*, appendice apicilaire de l'anthère; *c*, appendices latéraux, formant, par leur rapprochement, ce que l'on a faussement appelé les fissures du stigmate; *d*, lobes ou sachets de l'anthère; *e*, corps cornés, détachés du stigmate, envoyant, comme nous l'avons déjà dit, deux masses polliniques, *f*, à deux anthères différentes.

Obs. Cette fleur, seulement masquée par quelques soudures d'une part, et le développement de plusieurs organes appendiculaires de l'autre, considérée, comparativement, avec une fleur de campanule, serait tout aussi simple que cette dernière, si nous pouvions expliquer l'usage des corps cornés, et pourquoi ces mêmes corps, qui donnent naissance à deux masses polliniques, les envoient à deux anthères différentes. Ce point ne pourra être éclairci que par un travail d'anatomie comparée sur tous les organes analogues de cette famille.

12. LIMODORUM *purpureum*. Étamines fertiles et rudimentaires soudées avec le style : *a*, ovaire; *b*, filet de l'éta-

mine soudé avec le style ; *c*, stigmate ; *d*, point d'attache des masses polliniques ; *e*, boîte de l'anthère ; *f*, protubérances que M. Richard considère comme étant deux autres étamines rudimentaires.

13. Anthère détachée de la figure précédente : *a*, lobes quadriloculaires ; *b*, masses polliniques sorties des loges.

14. Partie supérieure de la columelle de laquelle on a enlevé l'anthère.

Obs. L'androphore des *orchidées*, composé de la réunion soudée de plusieurs étamines, et se soudant en outre avec le style, offre, sous ce point de vue, de l'analogie avec celui des *stylidium* (fig. 7, *d*).

15. PASSIFLORE *ailée* (*passiflora alata*, H. K.). Étamines soudées, par leurs filets, en un androphore qui se soude ensuite avec le gynophore ou stipe du pistil ; anthères oblongues, bilobées, biloculaires et vacillantes : *a*, androphore et gynophore soudés ; *b*, anthères ; *c*, ovaire ; *d*, stigmates.

TABLEAU XXIV.

Pistils, étamines, phycostèmes.

1. LIS *blanc* (*lilium candidum*, Lin.) : *a*, ovaire libre ou supérieur, trigone, triloculaire, polysperme ; *b*, style ; *c*, stigmate trilobé, papilleux.

Obs. Trois feuilles verticillées, rapprochées, roulées et soudées par leurs marges plus ou moins rentrantes à l'intérieur ; les nervures médianes de ces mêmes feuilles, prolongées bien au-delà de la lame, également soudées en une colonne, et se terminant, chacune, par une glande spongieuse et recouverte de pores papilleux, composent l'ovaire, le style et le stigmate de presque toutes les liliacées.

2. STYLOBASIUM *spathulatum*, Desf., *Mém. du Mus. d'hist. nat.* Ovaire libre, monosperme ; style latéral ; stigmate capité, papilleux.

Obs. Cette singulière situation latérale du style sur l'ovaire, commune aux pistils des *alchimilla, mangifera indica, artocarpus integrifolia* et *incisa, anacardium occidentale*, Lin. (pomme d'acajou), etc., provient de ce que la nervure médiane de ces feuilles ovariennes est plus ou moins détachée de la lame, ou, si l'on veut, de ce que la lame se prolonge en deux oreillettes libres et distinctes.

Les feuilles rudimentaires ou balles des graminées qui présentent, pour la plupart, une nervure médiane partant du milieu ou de la base de ces feuilles, se terminant souvent en une longue arête, et les feuilles bilobées de quelques espèces de *bauhinia*, dans lesquelles la nervure s'allonge au-delà des lobes, offrent une organisation analogue à celle qui forme, par soudure, les pistils à style latéral.

Il faut bien remarquer que le point d'où part le style est toujours situé à l'extérieur, relativement à l'axe principal de la plante.

3. CONCOMBRE *melon* (*cucumis melo*, Lin.). Ovaire adhérent, uniloculaire, trophospermes ou placentas pariétaux, produit par les marges soudées et rentrantes des trois feuilles qui composent cet ovaire ; ovules arillés, multisériés ; nervures médianes des feuilles ovariennes soudées en une colonne, terminées par une grosse glande fortement sillonnée du côté intérieur et recouvertes de pores papilleux : *a*, trois étamines stériles alternant avec les feuilles ovariennes.

4. PERVENCHE (grande) (*vinca major*, Lin.) : *a*, l'un des deux lobes du phycostème ; *b*, deux ovaires libres, composés, chacun, d'une feuille soudée du côté de l'axe, et dont les nervures médianes se soudent en une colonne commune aux deux ovaires ; *c*, point d'adhérence des cinq étamines avec le style ; *d*, plateau stigmatique.

5. PRIMEVÈRE *commune* (*primula veris*, Lin.). Cinq ou dix feuilles verticillées et soudées de toute part par leurs bords composent le pistil des primulacées et de la plupart des caryophyllées : la désoudure de ces feuilles ovariennes, au sommet des péricarpes de ces plantes, y produit la déhiscence : *a*, ovaire ; *b*, ovules ; *c*, trophosperme central, émanant directement de l'axe, et n'en étant qu'une prolongation naturelle ; *d*, continuation de l'axe trophospermique faisant corps avec la réunion soudée des dix nervures médianes des feuilles ovariennes qui composent le style.

Obs. Cette correspondance du trophosperme avec le style a été observée, pour la première fois, par M. Auguste de Saint-Hilaire.

Phycostèmes.

Voyez la définition que j'ai donnée de cet organe, page 130. Ne pouvant représenter qu'un petit nombre d'exemples de cet organe, j'ai choisi, sur toute la chaîne, ceux qui m'ont paru les plus remarquables, en ayant soin, toutefois, de les ranger selon qu'ils passent, en se modifiant, du plus simple au plus composé.

6. OROBANCHE *à une seule fleur* (*orobanche uniflora*, Lin.) : *a*, phycostème unilatéral, touchant immédiatement l'ovaire.

7. GRATIOLE *officinale* (*gratiola officinalis*, Lin.) : *a*, phycostème en anneau, à bord simple, entourant immédiatement l'ovaire.

8. COBÉA *grimpant* (*cobœa scandens*, Cav. *Ic.*) : *a*, phycostème en anneau, à cinq lobes, entourant immédiatement l'ovaire.

9. THOUINIA *pinnata*, Turp., *Annales du Mus. d'hist. nat. : a*, phycostème en anneau sinueux, placé entre les étamines et la corolle.

10. BALANITES *Ægyptiaca*, Delile; ALPINIA *Ægyptiaca*, Richard; XIMENIA *Ægyptiaca*, Lin. : *a*, phycostème en bourse, composé de dix étamines rudimentaires, soudées entre elles; entourant immédiatement au moins les deux tiers de l'ovaire.

11. CITRONNIER *oranger* (*citrus aurantium*, Lin.) : *a*, phycostème en anneau à bord sinueux, entourant immédiatement l'ovaire; lobes se prolongeant quelquefois en étamines parfaites; *b*, une étamine soudée par son filet avec le stigmate.

12. SCIRPE *des marais* (*scirpus palustris*, Lin.) : *a*, phycostème annelé à la base, surmonté de six soies munies d'arêtes recourbées, entourant immédiatement l'ovaire; *b*, ovaire; *c*, base renflée du style.

13. CAREX *gazonnant* (*carex cæspitosa*, Lin.). Phycostème utriculaire renfermant complétement l'ovaire et le style, donnant passage aux stigmates par l'ouverture *c*; *b*, ovaire pédicellé.

Obs. En soudant, par la pensée, les six soies de la figure précédente, on obtient l'équivalent de l'utricule des fleurs femelles des *carex*.

14. PIVOINE *en arbre* (*pœonia moutan*, Bot. Mag.). Phycostème sacciforme renfermant complétement les ovaires, donnant passage aux stigmates par une ouverture à bord 10-lobé : *a*, phycostème; *b*, ovaires; *c*, stigmates.

Obs. Si on compare ce phycostème avec celui des ancolies (*aquilegia*), qui se compose de dix lames crispées, toujours surmontées d'une anthère rudimentaire ou développée, et que l'on soude ensemble ces dix lames, on obtient exactement le phycostème sacciforme du *pœonia moutan*, au sommet duquel il paraît quelquefois des anthères.

15. NELUMBO (*nelumbo lutea*, Willd.). Phycostème composé d'un grand nombre de phycostèmes particuliers réunis et soudés en masse : *a*, phycostème composé; *b*, péricarpes situés dans chaque phycostème.

Obs. Plusieurs phycostèmes particuliers, semblables à ceux des fig. 13 et 14, étant soudés entre eux, produiraient celui très-composé de la fig. 15.

TABLEAUX XXV, XXVI, XXVII, XXVIII, XXIX, XXX, XXXI ET XXXII.

Fruits.

On est convenu de nommer fruit l'assemblage du péricarpe et de la graine, ou, en d'autres termes, le rameau-embryon pourvu de ses enveloppes propres et protectrices, avec lesquelles il faut prendre garde de confondre d'autres enveloppes involucrales, telles que la cupule du gland, celle rouge et charnue de l'if, le phycostème utriculaire des fleurs femelles des *carex*, l'involucre des scabieuses et *dipsacus*, celui quadrivalve et hérissé de la châtaigne, toujours placé en dehors (au-dessous) du véritable péricarpe, dont le caractère essentiel est d'être terminé par un stigmate.

Dans le fruit le plus complet, on trouve les parties suivantes : le rameau-embryon, un endosperme, les tuniques propres de l'embryon, un arille plus ou moins complet, et le péricarpe dans lequel on distingue encore, quoique ce soit le même corps, l'épicarpe, et l'endocarpe dans les épidermes externe et interne, et le mésocarpe dans les tissus cellulaire et vasculaire contenus entre ces deux surfaces épidermiques.

La disposition des placentas ou trophospermes dans l'intérieur des péricarpes, offre le caractère le plus important et le plus constant du fruit : il est celui dont on doit se servir dans les premières divisions classiques, artificielles, des fruits ; je dis artificielles, parce que toute classification établie sur une seule partie, rompra toujours, plus ou moins, les vraies analogies, qui ne peuvent avoir lieu que par la considération de l'ensemble de tous les organes constituans du végétal.

Les diverses parties qui forment le fruit, en devenant plus ou moins succulentes, farineuses, cornées ou filamenteuses, servent à nos besoins.

Le mésocarpe, ou partie cellulaire et parenchymateuse du péricarpe, se mange dans une grande quantité de fruits de toutes les parties du monde : de ce nombre, on peut citer, pour l'Europe, le melon, la pêche, la poire, etc., et, pour les autres parties du globe, la sapotille (*achras sapota*), l'avocat (*laurus persea*), la mangue (*mangifera indica*).

L'arille, en devenant plus ou moins succulent et charnu, est la seule partie mangeable dans le fruit de la grenade (*punica granatum*), des grenadilles (*passiflora quadrangularis, alata, laurifolia, maliformis. fœtida*, etc.) ; celui du cacao (*theobroma cacao*) est sucré et très-recherché par les jeunes créoles.

L'endosperme farineux des plantes céréales sert à faire le pain et devient la base de notre nourriture ; celui de plusieurs euphorbiacées, telles que le noisetier d'Amérique (*omphalea triandra*), le grand médecinier ou pignon-d'Inde (*jatropha curcas*), a un goût d'aveline très-agréable ; mais il faut avoir la précaution, avant de le manger, d'en enlever l'embryon foliacé, placé au centre, dans lequel réside un principe âcre et très-vénéneux. C'est encore à la présence de cette substance concrétée et cornée du café que nous devons cette boisson agréable, que rien, dans nos végétaux indigènes, ne pourra remplacer. Le lait et la noix de coco sont également le produit de l'endosperme en partie fluide et en partie concrété.

Dans les graines où l'endosperme domine, l'embryon ne compte, relativement à nos besoins, pour presque rien : il en est tout autrement dans celles qui sont dépourvues, en grande partie ou en totalité, de cette substance; là, l'embryon remplit à lui seul toute la cavité de l'ovule devenu graine, et, dans la châtaigne, la noix, la noisette, l'amande, le haricot, le pois, etc., il est, dans l'état de maturité du fruit, la seule partie qui soit comestible.

TABLEAU XXV.

Fruits.

1. CALAGUALA *des pharmacies* (*aspidium coriaceum*, Sw.). Portion grossie d'une feuille sur laquelle ou voit un amas de petites capsules (sori) recouvertes d'une membrane ombiliquée (indusie) : *a*, portion de feuille; *b*, pores ou glandes miliaires; *c*, capsules ou conceptacles.

2. L'une des capsules ou conceptacles détachée de la figure précédente, très-grossie : *a*, anneau élastique, incomplet; *b*, pédoncule.

3. La même prise au moment où elle se rompt pour donner passage aux graines : *a*, graines ou séminules hérissées.

4. LYCOPODE *à massue* (*lycopodium clavatum*, Lin.). Feuille rudimentaire ou bractée donnant naissance, à sa base, à une capsule réniforme, bivalve, polysperme : *a*, bractée; *b*, capsule; *c*, graines ou séminules.

5. ORGE *commune* (*hordeum vulgare*, Lin.). Péricarpe irrégulier, oblique, sillonné, uniloculaire, monosperme, indéhiscent : *a*, stigmates persistans; *b*, point qu'occupe l'embryon.

6. FROMENT *cultivé* (*triticum vulgare*, Willd., *Enum.*). Péricarpe irrégulier, oblique, sillonné, uniloculaire, monosperme, indéhiscent : *a*, hile; *b*, micropyle.

7. PHLOMIS *arbrisseau* (*phlomis fruticosa*, Lin.) : *a*, péricarpe rudimentaire, supérieur, cupulaire, biloculaire; loges dispermes; *b*, quatre graines nues.

8. *a*, Péricarpe cupulaire, de la précédente, dont on a enlevé les graines; *b*, points d'insertion des graines.

9. CASTELA *depressa*, Turp., *Annales du Mus. d'hist. nat.*, tom. v. Péricarpe supérieur; drupe quinquélobé; lobe uniloculaire, monosperme : *a*, phycostème.

10. ARTICHAUT *nain* (*cinara humilis*, Lin.). Péricarpe

capsulaire, inférieur, uniloculaire, monosperme; graine dressée : *a*, péricarpe; *b*, calice supérieur, fimbrillé; *c*, embryon; *d*, feuille rudimentaire, filiforme, accompagnant la base extérieure des fruits.

11. HELMINTIA *hérissé* (*helmintia echioides*, Willd., *Sp.*) : *a*, péricarpe capsulaire, inférieur, uniloculaire, monosperme; graine dressée; *b*, calice fimbrillé.

12. CIGUE *des jardins* (*conium maculatum*, Lin.). Péricarpe capsulaire, inférieur, biloculaire; loge monosperme : *a*, calice; *b*, phycostème; *c*, style et stigmate persistans.

12. Portion de la figure précédente : *a*, graine; *b*, phycostème.

Obs. Les deux parties dont se compose le péricarpe des ombellifères s'éloignent, dans la maturité, de l'axe commun de la même manière que le font celles que l'on nomme coques dans les euphorbiacées.

13. ÉRABLE *à sucre* (*acer saccharinum*, Lin.). Péricarpe capsulaire, supérieur, ailé, biloculaire; loge monosperme : *a*, graine.

Obs. Les deux feuilles ovariennes qui composent le péricarpe des érables, après s'être soudées dans leur partie inférieure, reprennent au-dessus cette forme laminée, commune à tous les organes appendiculaires. La base engaînante et, pour ainsi dire, capsulaire des pétioles, des feuilles des *virgilia lutea* et *platanus orientalis*, dans l'intérieur de laquelle est renfermé l'embryon-fixe ou bourgeon de ces végétaux, représente assez bien les péricarpes des embryons-graines, dans lesquels la partie terminale redevient foliacée, comme cela se voit dans ceux des *gyrocarpus*, des *rajania*, des *banisteria*, des *begonia*, etc.

Il n'est pas inutile de remarquer que cette dilatation laminée des feuilles ovariennes, réduites aux pétioles des autres feuilles de la plante, a lieu comme dans celles de certains mimoses dits à feuilles simples; je veux dire qu'au lieu de présenter le côté plane à la tige, elles présentent leurs côtés tranchans.

TABLEAU XXVI.

Fruits.

1. CASSE *des boutiques* (*cassia fistula*, Lin.). Péricarpe

irrégulier, légumineux, allongé, cylindrique, indéhiscent, multiloculaire; trophosperme pariétal, marginal; loges monospermes : *a*, point qu'occupaient les organes appendiculaires de la fleur; *b*, pédicelle ou mérithalle qui sépare l'insertion de la feuille ovarienne de celle des étamines; *c*, côté du péricarpe qui regarde la tige du végétal et celui en même temps vers lequel les bords de la feuille ovarienne se soudent; *d*, côté extérieur de la feuille ovarienne; *e*, cloisons transversales; graines pédiculées, émanant alternativement des bords soudés de la feuille ovarienne.

1 *a*. Graine isolée : *a*, ombilic nourricier; *b*, micropyle.

2. ASCLEPIAS *à la ouate* (*asclepias syriaca*, Lin.). Péricarpe irrégulier par avortement visible, supérieur, folliculaire; follicules doubles lorsque l'un d'eux n'avorte pas, uniloculaires, polyspermes, déhiscens; trophosperme libre et central; graines imbriquées, pendantes, marginées, aigrettées : *a*, follicule avorté; *b*, point qu'occupaient les organes appendiculaires de la fleur; *c*, feuille ovarienne; *d*, bords désoudés de la feuille ovarienne; *e*, graines; *f*, trophosperme; *g*, aigrettes des graines.

3. Coupe horizontale de la précédente figure : *a*, follicule avorté; *b*, marges de la feuille ovarienne; *c*, trophosperme; *d*, point d'attache des graines.

4. GESSE *à larges feuilles* (*lathyrus latifolius*, Lin.). Péricarpe irrégulier, légumineux, supérieur, uniloculaire, polysperme, déhiscent; trophosperme pariétal, marginal; graines bisériées, alternes : *a*, feuilles calicinales, persistantes; *b*, bords soudés de la feuille ovarienne; *c* et *d*, graines émanant alternativement des deux bords de la feuille ovarienne.

4 *a*. Graine isolée de la figure précédente : *a*, ombilic nourricier; *b*, micropyle.

5. CHENILLETTE *sillonnée* (*scorpiurus sulcata*, Lin.). Péricarpe irrégulier, légumineux, supérieur, comme multiloculaire; loges monospermes; déhiscent, contourné, muriqué : *a*, feuilles calicinales, persistantes; *b*, graines.

Obs. La tourmente qu'éprouvent certains péricarpes de cette famille dans leur développement, vient de ce que l'axe trophospermique, acquérant promptement ses dimensions, devient une sorte de bride qui résiste à l'accroissement des autres parties du péricarpe.

(149)

C'est encore à cette cause que sont dus ces renfoncemens
que l'on observe aux deux extrémités de la plupart des
pommes, et dans lesquels sont logés l'œil, d'une part, et la
queue de l'autre. Ces sortes de fruits acquérant très-vite
leur longueur, il s'ensuit qu'ils varient quelquefois de manière à ne pas être reconnus, selon que l'année est sèche et
froide, ou chaude et humide. Dans le premier cas, ils restent allongés, tandis que, dans le second, ils sont plus ou
moins sphériques.

6. ESCHINOMÉNÉ *rude* (*œschynomene aspera*, Willd.).
Péricarpe irrégulier, légumineux, supérieur, articulé, multiloculaire; loges monospermes : *a*, feuilles calicinales, persistantes.

7. MORINGA *noix-de-ben* (*moringa nux-ben*; GUILAN-
DINA *moringa*, Lin.; HYPERANTHERA *moringa*, Vahl,
Symb.). Péricarpe régulier, légumineux, supérieur, uniloculaire, polysperme, déhiscent, trivalve; trophospermes
médivalves; graines sphériques, tri-ailées : *a*, valves ou
feuilles ovariennes, de la nervure médiane desquelles émanent alternativement les graines; *b*, graines; *c*, points d'insertion des graines.

8. GIROFLÉE *jaune* (*cheiranthus cheiri*, Lin.). Péricarpe
régulier, supérieur, siliqueux, biloculaire, polysperme,
déhiscent, bivalve; trophosperme central, libre, marginal,
membraneux; graines pédiculées, pendantes, alternant sur
deux côtés : *a*, valves ou feuilles ovariennes; *b*, trophosperme central; *c* et *d*, graines émanant alternativement des
deux bords du trophosperme; *e*, style et stigmate persistans.

9. LUNAIRE *annuelle* (*lunaria annua*, Lin.). Péricarpe
régulier, supérieur, siliculeux, biloculaire, polysperme,
déhiscent, bivalve; trophosperme central, libre, marginal,
membraneux; graines marginées, pédiculées, alternant sur
deux côtés : *a*, glandes placées entre les étamines; *b*, valves
ou feuilles ovariennes; *c*, trophosperme central; *d* et *e*,
graines émanant alternativement des deux bords du trophosperme; *f*, style et stigmate persistans.

Obs. Les péricarpes que l'on distingue par les noms de
silique et de silicule n'offrent point de caractères organiques
qui puissent servir à empêcher qu'ils ne se confondent :
leur différence consiste simplement dans la forme plus ou
moins allongée.

TABLEAU XXVII.

Fruits.

1. TULIPE *des jardins* (*tulipa gesneriana*, Lin.). Péricarpe régulier, supérieur, capsulaire, triloculaire; loges polyspermes; déhiscent, trivalve; trophospermes médivalves; graines sessiles, bisériées : *a*, point d'insertion des organes appendiculaires de la fleur; *b*, stigmates persistans; *c*, nervures médianes des trois feuilles ovariennes, donnant naissance intérieurement aux trophospermes.

2. RICIN *commun* (*ricinus communis*, Lin.). Péricarpe régulier, supérieur, capsulaire, tricoque, triloculaire; loges monospermes; déhiscent par élasticité; trophosperme central, libre, triquètre; graines sessiles, pendantes, caronculées.

3. Coupe horizontale de la figure précédente : *a*, trophosperme; *b*, épicarpe et mésocarpe; *c*, endocarpe; *d*, endosperme; *e*, embryon.

4. L'une des trois coques détachée de la fig. 2 : *a*, ouverture par laquelle la graine correspond avec la plante-mère.

5. ACAJOU *à meubles* (*swietenia mahogoni*, Lin.). Péricarpe régulier, supérieur, capsulaire, 5-loculaire; loges polyspermes; déhiscent, 5-valves; trophosperme central, libre dans la maturité, 5-gone, muni de cinq membranes faisant office de cloisons; graines imbriquées, ailées.

6. Le même dont on a enlevé deux valves pour faire voir le trophosperme et les graines : *a*, épicarpe et mésocarpe; *b*, endocarpe; *c*, trophosperme; *d*, points d'insertion des graines; *e*, graines.

7. FRAXINELLE *cultivée* (*dictamnus albus*, Lin.). Péricarpe régulier, supérieur, capsulaire, 5-loculaire; loges dispermes; trophospermes pariétaux, marginaux.

8. SABLIER *élastique* (*hura crepitans*, Lin.). Péricarpe régulier, supérieur, capsulaire, multicoque, multiloculaire; loges monospermes; déhiscent par élasticité; trophosperme central, libre dans la maturité; graines sessiles et pendantes : *a*, point où le style se désarticule.

9. Coupe horizontale du même : *a*, épicarpe et mésocarpe; *b*, endocarpe; *c*, graines.

(151)

10. Fig. 8 dont on a enlevé l'épicarpe et le mésocarpe.

Obs. Dans les péricarpes (fig. 2 , 5 et 8), l'épicarpe et le mésocarpe se séparent, par désorganisation, de l'endocarpe au moment où la déhiscence de ces fruits a lieu. Quelques botanistes ont cru, d'après cette sorte de rupture, que le péricarpe de l'*acajou à meubles* se composait de dix valves distinctes.

TABLEAU XXVIII.

Fruits.

1. AMANDIER *pécher* (*amygdalus persica*, Lin.). Péricarpe irrégulier, par avortement invisible, supérieur (drupe), uniloculaire ; loge monosperme par avortement d'un ovule ; indéhiscent ; trophosperme pariétal, marginal ; graines pendantes et sessiles.

2. Coupe verticale de la figure précédente : *a*, épicarpe ; *b*, mésocarpe ; *c*, endocarpe osseux ; *d*, pédicelle ou dernier article de la tige d'où émanent la feuille ovulaire et l'embryon ; *e*, graines.

Obs. Les distinctions peu nécessaires d'épicarpe, de mésocarpe et d'endocarpe, dans l'*unité organique* du péricarpe, ressemblent à certaine chose dont beaucoup de gens parlent, mais que personne n'explique ; c'est-à-dire que ces trois choses n'en font réellement qu'une.

Les feuilles plus ou moins charnues dont se composent, par soudure, les péricarpes, sont, comme tous les autres organes appendiculaires, composées d'une portion de tissu cellulaire, traversée par un autre tissu plus allongé, plus solide, plus ou moins rameux, plus ou moins anastomosé : c'est le tissu vasculaire ou ligneux. Les parois les plus extérieures des cellules, en se durcissant par l'action de l'air, forment une espèce de membrane générale[1], qui garantit et protége la vitalité intérieure, et à laquelle, dans les êtres vivans, on a donné le nom d'épiderme.

C'est à l'une de ces membranes épidermiques, celle exposée à l'extérieur, que, dans la feuille péricarpienne, on a donné le nom d'épicarpe ; l'autre, tapissant la face intérieure de

[1] Partie comparable, jusqu'à un certain point, à cette pellicule qui se forme à la surface des bouillies.

cette même feuille, et devenant quelquefois osseuse, comme dans la noix et le noyau de la pêche, a reçu celui d'endocarpe. Après avoir ainsi distingué et nommé les deux surfaces dont nous venons de parler, on a encore jugé à propos de donner le nom de sarcocarpe et de mésocarpe (qui vaut mieux) à cette partie intermédiaire plus ou moins succulente, composée des tissus cellulaire et vasculaire, contenue entre les deux épidermes.

Ces trois parties, qui, au fond, ne présentent qu'un seul et même corps, existent également dans une feuille, dans un pétale, dans un filet d'étamine, etc.

On sait déjà que le sillon des pêches, des cerises, des abricots, etc., est toujours dirigé du côté de l'axe ou tige de la plante; qu'il est le produit de la rencontre des deux bords soudés de la feuille ovarienne; et que, de ce côté, est avortée une partie semblable, au moins, à celle qui se développe.

3. OLIVIER *cultivé* (*olea Europæa*, Lin.). Pistil dont on a enlevé verticalement la moitié de l'ovaire pour faire voir qu'en ce premier état il est biloculaire, et que chacune des loges contient deux ovules suspendus : *a*, ovules.

4. Pistil développé; péricarpe irrégulier, supérieur (drupe), uniloculaire par avortement d'une loge et de deux ovules; loge monosperme par avortement d'un ovule; indéhiscent; trophosperme central.

5. Le même dont on a enlevé verticalement la moitié de l'épicarpe et du mésocarpe, plus une partie de l'endocarpe : *a*, épicarpe; *b*, endocarpe; *c*, graine; *d*, ovule avorté; *e*, loge avortée, avec les deux ovules qu'elle contenait.

Obs. Les fig. 3, 4 et 5 ont été représentées dans l'intention de faire sentir combien il importe, dans l'étude des êtres vivans, de les observer pas à pas dans tous leurs développemens successifs, si l'on veut se rendre compte et démasquer leurs véritables analogies.

6. VIGNE *cultivée* (*vitis vinifera*, Lin.). Péricarpe régulier, supérieur (baie), 5-loculaire; loges monospermes; indéhiscent; trophospermes axifères; graines dressées.

7. Coupe verticale de la figure précédente : *a*, trophosperme; *b*, graines.

8. POMME *d'apis* (*malus apiosa*). Péricarpe régulier, inférieur (pomme), 5-loculaire; loges dispermes; indéhiscent; trophospermes axifères; graines dressées ou ascendantes.

(153)

9. Coupe verticale de la précédente figure : *a*, épicarpe ; *b*, mésocarpe ; *c*, endocarpe ; *d*, graines.

10. SOLANUM *faux-piment* (*solanum pseudo-capsicum*, Lin.). Péricarpe régulier, supérieur (baie), biloculaire ; loges polyspermes ; indéhiscent ; trophosperme central ; graines imbriquées de bas en haut.

11. Coupe verticale de la précédente figure.

TABLEAU XXIX.

Fruits.

1. MARRONNIER *d'Inde* (*œsculus hippocastanum*, Lin.). Péricarpe irrégulier par avortement, supérieur, capsulaire, triloculaire, trivalve ; loges dispermes ; déhiscent ; trophosperme central : *a*, péricarpe hérissé ; *b*, graines. -

2. CHATAIGNIER *commun* (*castanea vesca*, Willd. ; *fagus castanea*, Lin.). Coupe verticale d'une fleur femelle : *a*, point par lequel elle communiquait avec la plante-mère ; *b*, ovaire inférieur ; *c*, cloisons formant les six loges naturelles à ce péricarpe ; *d*, calice adhérent ou supérieur, composé de six petites feuilles rudimentaires, soudées ; *e*, styles et stigmates ; *f*, ovules pendans, au nombre de douze, deux dans l'angle supérieur de chaque loge.

3. Coupe horizontale de la figure précédente : *a*, point d'attache ; *b*, substance fongueuse remplissant les six loges de ce jeune péricarpe.

4. Involucre hérissé, quadrivalve ; valve composée d'un grand nombre de petites feuilles rudimentaires, soudées et devenues spinescentes.

5. Péricarpe irrégulier par avortement, inférieur et couronné par le calice et les styles persistans, 6-loculaire ; loges dispermes ; cinq loges et onze ovules avortant constamment ; indéhiscent : *a*, point d'attache du péricarpe au fond de l'involucre ; *b*, calice persistant ; *c*, styles et stigmates également persistans.

6. Graine isolée de son péricarpe : *b*, onze ovules avortés.

Obs. En mettant en rapport les fruits du marronnier d'Inde et du châtaignier, mon intention a été de faire sentir combien il est important d'étudier les végétaux dans leur organisation comparée, et combien, sans cette étude, les apparences peuvent en imposer. En effet, qui ne serait pas tenté de comparer, comme on l'a fait, l'involucre hérissé de la châtaigne (fig. 4) au péricarpe, également hérissé, du marronnier d'Inde (fig. 1, *a*), et le péricarpe (fig. 5, châtaigne) aux graines (fig. 1, *b*, marrons), si on ne savait pas, par avance, que le caractère essentiel d'un péricarpe est d'être terminé par un stigmate?

7 et 8. CHÊNE *au kermès* (*quercus coccifera*, Lin.).

7. Involucre cupulaire, composé d'un grand nombre de petites feuilles rudimentaires, soudées.

Obs. Cet involucre est entièrement analogue à celui du hêtre et du châtaignier (fig. 4).

8. Péricarpe irrégulier par avortement, inférieur et couronné par le calice, le style et les stigmates persistans; triloculaire; loges dispermes; deux loges et cinq ovules avortant constamment; indéhiscent.

9. DIPLOPHRACTUM *auriculatum*, Desf., *Mém.* Péricarpe régulier, supérieur, capsulaire, ailé, 10-loculaire; loges polyspermes, coupées, entre chaque graine, par des diaphragmes transversaux.

10. Coupe horizontale de la figure précédente : *a*, les cinq véritables cloisons; *b*, trophospermes soudés avec l'endocarpe et divisant chacune des cinq loges en deux logettes; *c*, lacunes.

11. Coupe verticale de la fig. 10 : *a*, cloisons; *b*, trophosperme soudé avec l'endocarpe; *c*, diaphragmes ou cloisons transversales; *d*, lacune.

Obs. Ce péricarpe est le plus compliqué que je connaisse.

TABLEAU XXX.

Fruits.

1. SAPOTILLE (*achras sapota*, Lin.). Péricarpe régulier, supérieur (nuculaine), 10-loculaire; loges monospermes; indéhiscent.

2. Coupe horizontale du même : *a*, épicarpe; *b*, mésocarpe; *c*, endocarpe (nucules); *d*, graine; *e*, embryon; *f*, calice inférieur, persistant.

Obs. Un certain nombre de loges et d'embryons avortent dans ces fruits.

3. **noyer** *cultivé* (*juglans regia*, Lin.). Péricarpe régulier, inférieur (noix), uniloculaire; loge monosperme, semi-cloisonnée à la base, bivalve : *a*, styles et stigmates persistans.

4. Coupe verticale de la figure précédente : *a*, épicarpe; *b*, mésocarpe; *c*, endocarpe; *d*, demi-cloison; *c*, radicule de l'embryon; *f*, gemmule.

5. **pomme** *d'acajou* (*cassuvium pommiferum*, Lam.; **anacardium** *occidentale*, Lin.). Péricarpe irrégulier, supérieur (noix), uniloculaire; loge monosperme; indehiscent : *a*, pédoncule accrescent, charnu, succulent; *b*, péricarpe osseux; *c*, point d'insertion latérale du style.

Obs. Ce pédoncule charnu, quelquefois d'un blanc jaunâtre, le plus souvent d'un beau rouge, selon telle ou telle variété, se mange sous le nom de pomme d'acajou, et l'embryon, dégagé de son péricarpe, sous celui de noix.

6. Coupe verticale de la même figure : *a*, pédoncule; *b*, péricarpe; *c*, cellules du mésocarpe contenant un suc propre, très-corrosif; *d*, embryon; *e*, radicule et gemmule.

7. coco (*cocos nucifera*, Lin.). Péricarpe irrégulier, supérieur, indéhiscent (noix), uniloculaire, monosperme par l'avortement de deux loges et de deux ovules : *a*, calice persistant.

8. Coupe verticale du même : *a*, épicarpe; *b*, mésocarpe filamenteux; *c*, endocarpe; *d*, les deux trous correspondant avec les deux loges avortées, en *e*, masqués par les cloisons repoussées; *f*, endosperme.

9. Coupe verticale d'un endocarpe et d'un endosperme pour faire connaître la situation basilaire de l'embryon, en *c* : *a*, endocarpe; *b*, endosperme.

10. Embryon isolé : *a*, radicule.

Obs. Il ne faut point confondre, comme quelques personnes le font, le *cassuvium pommiferum*, qui produit la pomme et la noix d'acajou (fig. 5, *a* et *c*), avec le *swietenia mahogoni* (Tabl. xxvii, fig. 5) : le bois du premier, à peine bon à brûler, n'est d'aucun usage, tandis que celui du second est très-recherché pour nos ameublemens.

L'un est un très-moyen arbre d'un port étalé et peu agréable; l'autre, au contraire, a toute la majesté d'un arbre de premier ordre.

TABLEAU XXXI.

Fruits.

1. COURGE *pepon, citrouille* (*cucurbita pepo*, Lin.). Péricarpe régulier, inférieur, indéhiscent (pepon), uniloculaire, polysperme; trophospermes pariétaux, saillans vers le centre de la loge, se repliant ensuite sur eux-mêmes, et se soudant par leurs bords avec les parois intérieures du péricarpe, qu'ils rendent, pour lors, comme 6-loculaire; graines multisériées, munies d'un arille complet.

2. Coupe horizontale du même : *a*, loge vraie du péricarpe; *b*, naissance des trois trophospermes; *c*, parties supérieures des trophospermes, repliées sur elles-mêmes et soudées avec les parois de la loge.

3. Graine isolée et dépouillée de son arille.

4. La même coupée transversalement : *a*, embryon dépourvu d'endosperme.

Obs. L'analyse très-difficile de la plupart des ovaires des plantes qui appartiennent à la famille des *cucurbitacées*, et la prompte désorganisation de la partie intérieure de leurs péricarpes, ont produit plusieurs manières d'en expliquer la structure. M. Richard croit avoir démontré que ces péricarpes sont multiloculaires; que chaque loge ne contient qu'une graine, et que ce que je regarde comme un arille sont autant d'endocarpes particuliers. M. Auguste de Saint-Hilaire pense que l'appareil trophospermique ou placentaire, qui porte les graines, est libre et suspendu au sommet de la cavité du péricarpe.

Je crois qu'il suffit de jeter les yeux sur les fruits des plantes qui composent les familles des *cucurbitacées* et des *passiflorées*, leurs voisines, pour n'être pas de l'avis de ces deux habiles observateurs, et voir que tous ces péricarpes ont pour caractère fondamental d'être, 1°. uniloculaires, polyspermes; 2°. d'avoir trois trophospermes pariétaux qui, en se prolongeant plus ou moins à l'intérieur, et en subissant quelques soudures, soit entre eux, soit avec les parois de la loge, forment quelquefois, en apparence, trois ou bien six loges, comme cela se voit fig. 2 ; 3°. que, dans l'une et l'autre familles, les graines sont multisériées et pourvues d'un arille complet.

(157)

5. JEFFERSONIA *diphylla*, Barton.; PODOPHYLLUM *diphyllum*, Lin. Péricarpe irrégulier, supérieur, semi-déhiscent; déhiscence transversale, operculaire, uniloculaire, polysperme : *a*, valve.

6. Graine isolée.

7. BOITE *à savonnette* (*feuillea cordifolia*, Lin.; NHANDIROBA). Péricarpe régulier, semi-supérieur, déhiscent; déhiscence transversale; uniloculaire, polysperme; trophospermes pariétaux, au nombre de trois, soudés vers le centre de la loge; graines pourvues d'un arille complet, subéreux : *a*, points desquels saillaient les trois folioles du calice, soudées avec toute la partie inférieure du péricarpe; *b*, partie supérieure du péricarpe; *c*, naissance des trophospermes; *d*, graines.

8. Une graine isolée et coupée horizontalement : *a*, l'arille; *b*, tunique propre de l'embryon; *c*, embryon dépourvu d'endosperme; *d*, le hile.

9. ORANGER (*citrus aurantium*, Lin.). Péricarpe régulier, supérieur (baie), indéhiscent, 10-loculaire; loges polyspermes, remplies de corps utriculaires; trophosperme central; graines arillées, multiembryonnées : *a*, calice persistant.

10. Coupe horizontale du même : *a*, trophosperme; *b*, cloisons; *c*, substance utriculaire; *d*, graines.

11. Graine isolée, pourvue de son arille.

12. La même dépouillée de son arille : *a*, chalaze.

13. Embryons isolés et extraits d'une seule graine.

Obs. M. de Jussieu est le premier qui ait observé la pluralité d'embryons dans la même graine.

Le nombre des loges qui divisent l'ovaire des diverses espèces ou variétés d'orangers, varie ordinairement de dix à quinze : à cette époque, elles ne présentent point encore cette substance utriculaire qui doit, plus tard, les remplir, et en faire un fruit délicieux. Ces utricules, lorsqu'ils commencent à se former, partent de la paroi la plus extérieure de la loge, et, en continuant de croître et de se multiplier, finissent, de cette sorte, par remplir tout le vide des loges que présentait l'ovaire.

Deux séries d'ovules, alternant entre eux, et parmi lesquels il en avorte toujours un grand nombre, sont situées dans l'angle interne de chaque loge.

14. TINÉLIER *à feuilles coriaces* (*ardisia coriacea*, Vahl.). Coupe verticale d'une graine endospermée, dans laquelle on voit, en *a*, deux embryons.

TABLEAU XXXII.

Fruits.

1. NÉFLIER *cultivé* (*mespilus germanica*, Lin.). Péricarpes irréguliers, supérieurs, osseux, verticillés par cinq, terminés par les styles persistans, bivalves, uniloculaires, monospermes, enveloppés de toutes parts par un calice accrescent et charnu; graine ascendante : *a*, les cinq styles sortant de l'intérieur du calice.

2. Coupe verticale de la précédente figure pour faire voir la situation des cinq péricarpes dans l'intérieur du calice : *a*, calice; *b*, péricarpe; *c*, styles persistans.

3. ROSE *de chien* (*rosa canina*, Lin.). Péricarpes irréguliers, supérieurs, cartilagineux, verticillés, terminés par les styles persistans, indéhiscens, uniloculaires, monospermes, enveloppés de toutes parts par un calice accrescent et charnu; graine pendante.

4. Coupe verticale de la figure précédente pour faire voir la disposition des péricarpes dans l'intérieur du calice : *a*, calice; *b*, supports des péricarpes; *c*, péricarpes.

5. Coupe verticale d'un péricarpe isolé : *a*, péricarpe; *b*, tunique de la graine; *c*, embryon.

Obs. Rien de plus aisé que de s'apercevoir que les deux sortes de fruits que nous venons d'expliquer présentent rigoureusement la même organisation légèrement modifiée : dans l'un et l'autre, les péricarpes naissent du fond d'un calice qui les enveloppe entièrement en ne laissant sortir que les styles.

6. RENONCULE *âcre* (*ranunculus acris*, Lin.). Péricarpes irréguliers, supérieurs, isolés, excessivement rapprochés et alternant en spirale autour d'un axe commun, indéhiscens, uniloculaires, monospermes; graine ascendante.

7. Coupe verticale d'un péricarpe isolé de l'aggrégation précédente : *a*, péricarpe; *b*, tunique de la graine; *c*, endosperme; *d*, embryon.

8. FRAISIER *des bois* (*fragaria vesca*, Lin.). Péricarpes

irréguliers, supérieurs, isolés, situés alternativement et en spirale autour d'un axe charnu et succulent, indéhiscens, uniloculaires, monospermes.

9. Coupe verticale de la figure précédente pour faire connaître la disposition des péricarpes sur l'axe : *a*, péricarpes ; *b*, axe.

Obs. En gonflant l'axe étroit, qui donne naissance aux péricarpes de la fig. 6, on obtient celui très-dilaté et succulent de la fraise.

10. PIN *à pignons* (*pinus pinea*, Lin.). Péricarpes irréguliers, ailés, indéhiscens, uniloculaires, monospermes, disposés deux par deux alternativement et en spirale autour d'un axe commun, placés à l'aisselle d'une feuille rudimentaire, écailleuse et protectrice (cône).

11. Coupe verticale de la figure précédente.

Obs. Si, par la pensée, on allonge l'axe qui porte les péricarpes d'un cône, il en résulte l'analogue d'un épi. Un épi de froment est un cône très-allongé.

12. MURIER *noir* (*morus nigra*, Lin.). Péricarpes uniloculaires, monospermes, enveloppés d'un calice charnu et succulent, disposés alternativement et en spirale autour d'un axe commun.

13. Péricarpe isolé de l'aggrégation, enveloppé du calice charnu.

TABLEAU XXXIII.

Graines, arilles, endospermes, embryons.

1. RICIN *commun* (*ricinus communis*, Lin.). Graine : *a*, arille caronculaire.

2. Coupe verticale de la même : *a*, arille ; *b*, tunique ; *c*, endosperme ; *d*, embryon ; *e*, radicule.

3. POLYGALA *commun* (*polygala vulgaris*, Lin.). Graine : *a*, arille caronculaire, trilobé.

4. *Id.* Coupée verticalement : *a*, arille ; *b*, tunique pileuse ; *c*, endosperme ; *d*, radicule de l'embryon.

5. CHÉLIDOINE *officinale* (*chelidonium majus*, Lin.). Graine : *a*, arille caronculaire.

6. Coupe verticale de la même : *a*, arille ; *b*, tunique ; *c*, endosperme ; *d*, embryon ; *e*, hile.

7. PAULINIE *ailée* (*paullinia pinnata*, Lin.). Graine : *a*, le hile ; *b*, arille complet, spongieux.

8. AKÉE *d'Afrique* (*akecsia Africana*, Tussac., *Flore des Antilles*, vol. 1, pag. 66). Graine : *a*, le hile ; *b*, arille incomplet, spongieux ; *c*, tunique propre de l'embryon.

9. MUSCADIER *aromatique* (*myristica aromatica*, Lam. ; M. *moschata*, Willd. ; M. *officinalis*, Lin.). Graine : *a*, le hile ; *b*, arille complet, membraneux, lacinié (macis) ; *c*, tunique de la graine.

10. La même développée et coupée dans divers sens pour faire voir toutes les parties qui la composent : *a*, arille ; *b*, tunique propre ; *c*, endosperme ; *d*, embryon.

11. FUSAIN *à larges feuilles* (*evonymus latifolius*, Lin.). Graine pourvue d'un arille complet.

12. La même coupée verticalement : *a*, podosperme ; *b*, arille ; *c*, tunique propre ; *d*, endosperme ; *e*, embryon.

13. PASSIFLORE *quadrangulaire* (*passiflora quadrangularis*, Lin.). Graine pourvue d'un arille complet, charnu et succulent.

14. La même dont on a déchiré l'arille et enlevé une partie de la tunique propre : *a*, podosperme ; *b*, arille ; *c*, tunique marginée ; *d*, endosperme ; *e*, embryon.

15. IRIS *fétide* (*iris fœtidissima*, Lin.). Graine pourvue d'un arille complet.

16. La même coupée verticalement : *a*, arille ; *b*, tunique propre ; *c*, endosperme ; *d*, embryon.

17. CAFÉ *d'Arabie* (*coffea Arabica*, Lin.). Péricarpe régulier, inférieur, dont on a enlevé verticalement la moitié de l'épicarpe et du mésocarpe, afin de mettre à découvert les endocarpes qui tapissent les deux loges de ce fruit : *a*, épicarpe ; *b*, mésocarpe ; *c*, endocarpe ; *d*, calice supérieur, persistant ; *e*, sommet saillant du péricarpe, qui n'a rien de commun avec les phycostèmes.

18. Coupe verticale d'une graine : *a*, endosperme corné ; *b*, embryon.

19. Coupe horizontale d'une graine : *a*, tunique ; *b*, endosperme.

Obs. J'ai placé le fruit du café dans ce Tableau, qui ne représente que des graines arillées, afin de pouvoir signaler une erreur qui se perpétue et se glisse dans nos meilleurs ouvrages de botanique.

Dans ce fruit, à l'exemple de l'amande, de la noix, etc., l'endocarpe cartilagineux, en se séparant, par desorganisation, du mésocarpe, et en accompagnant la graine, a laissé croire à quelques auteurs que cette enveloppe était un arille.

TABLEAU XXXIV.

Graines et germinations.

1. FILAO *à quatre valves* (*casuarina quadrivalvis*, Labill.). Graine ailée.

. *Obs.* La partie supérieure de la feuille ovulaire, comme nous l'avons déjà annoncé pour la feuille ovarienne, reprend aussi quelquefois cette forme laminée, commune aux autres organes appendiculaires.

2. CYCLAMEN *d'Europe, pain de pourceau* (*cyclamen Europæum*, Lin.). Graine : *a*, hile.

3. La même coupée verticalement : *a*, tunique propre; *b*, endosperme; *c*, embryon latéral.

4. ASCLEPIAS *à la ouate* (*asclepias syriaca*, Lin.). Graine marginée, aigrettée; aigrette double, *a*.

5. PHYTOLACCA *à dix étamines* (*phytolacca decandra*, Lin.). Graine : *a*, hile.

6. La même coupée verticalement : *a*, point hilaire; *b*, tunique; *c*, embryon; *d*, endosperme central.

7. DATTIER *cultivé* (*phœnix dactylifera*, Lin.). Graine irrégulière, sillonnée en *a*.

8. La même coupée horizontalement : *a*, sillon; *b*, embryon latéral, situé du côté extérieur de la graine.

9. NOIX-VOMIQUE (*strychnos nux-vomica*, Lin.). Graine: *a*, point de la radicule de l'embryon; *b*, point hilaire ou d'attache de la graine.

10. Coupe verticale de la même : *a*, tunique; *b*, endosperme corné; *c*, embryon.

11. FÈVE *de marais* (*faba major*, Lin.). Graine : *a*, podosperme commençant à s'épancher en arille; *b*, hile et omphalode; *c*, micropyle.

12. *Id.* Vue du côté du hile : *a*, hile; *b*, omphalode; *c*, micropyle.

13. *Id.* Embryon dépouillé de sa tunique : *a*, feuilles

cotylédonaires (protophylles, Dupetit-Thouars); *b*, radicule; *c*, ombilics propres des embryons.

14. Le même auquel on a enlevé une de ses feuilles cotylédonaires pour faire voir, en *c*, la gemmule composée de l'enroulement des feuilles futures de la plante : *a*, cotylédon ; *b*, radicule.

15. Embryon dépourvu de ses deux feuilles cotylédonaires : *a*, point d'insertion des cotylédons; *b*, radicule; *c*, feuilles de la gemmule, celles que l'on nomme faussement primordiales.

Obs. Entre les nœuds-vitaux bordés les uns par les feuilles cotylédonaires *a*, et les autres par les feuilles dites primordiales *c*, on distingue un espace qui est le premier entre-nœud ou mérithalle du système aérien de cette plante.

16. NELUMBO *à fleurs jaunes* (*nelumbium luteum*). Péricarpe osseux, régulier, indéhiscent, uniloculaire, monosperme : *a*, point par lequel il communiquait avec la plantemère; *b*, stigmate persistant ; *c*, cicatrice dont les fonctions nous sont encore inconnues.

17. Le même dont on a enlevé une partie du péricarpe et de la tunique : *a*, péricarpe ; *b*, tunique propre ; *c*, embryon.

18. Péricarpe tel qu'il s'ouvre au moment de la germination : *a*, stigmate; *b*, gemmule.

19. Coupe verticale d'un fruit : *a*, point d'attache du péricarpe; *b*, stigmate; *c*, péricarpe; *d*, tunique propre de l'embryon ; *e*, l'un des cotylédons (corps radiculaire, Richard); *f*, membrane stipulaire (Poiteau, cotylédon, Richard); *g*, gemmule.

20. Développement de la précédente figure : *a*, portion d'une feuille cotylédonaire; *b*, membrane stipulaire; *c* et *d*, secondes feuilles faisant partie de la gemmule; *e*, troisième feuille encore enveloppée dans sa gaîne stipulaire.

Obs. C'est à Philadelphie que, le premier, j'ai observé cette gaîne stipulaire, extrêmement fugace. L'ayant fait connaître à mon retour en France, elle donna naissance à plusieurs excellens mémoires, et devint un long sujet de discussion entre MM. Richard, Mirbel, Correa et Poiteau. Les uns, tels que M. Richard, y virent un cotylédon; les autres une stipule, analogue à celle qui embrasse le bourgeon des *magnoliers*.

TABLEAU XXXV.

Séminules, graines et germinations.

1. CONFERVE (*conferva atropurpurea*). Portion grossie d'un filet dans lequel on aperçoit les cloisons qui forment les cellules et les séminules ou corps reproducteurs contenus, par deux, dans chacune d'elles.

2. AGARIC *ami du fumier* (*agaricus coprophilus*, Bull.). Portion d'une lame : *a*, séminules.

3. BARTRAMIE *vulgaire* (*bartramia vulgaris*). Séminules ovoïdes, hispides.

4. GYMNOSTOME *pyriforme* (*gymnostomum pyriforme*, Hedw.). Germination d'une séminule : *a*, tunique propre du corps reproducteur, en évolution; *b*, radicule ou système terrestre; *c*, système aérien sur lequel on voit déjà quelques organes appendiculaires qui commencent à se développer.

5. LYCOPODE (*lycopodium umbrosum*). Séminules anguleuses, hispides, groupées, par trois ou par quatre, en globules : *a*, séminules de grosseur naturelle; *b*, globule dont on a détaché une séminule.

5 *a*, Séminules de grosseur naturelle.

6. DORADILLE *de Crète* (*asplenium Creticum*). Germination d'une séminule : *a*, feuille cotylédonaire, unique, latérale; *b*, racines; *c*, gemmule roulée en crosse.

7. POLYPODE *fougère-mâle* (*polystichum filix-mas*; POLYPODIUM *filix-mas*, Lin.). Séminules ovales, hispides, dégagées de leur conceptacle.

Obs. En jetant les yeux sur les corps reproducteurs des fig. 2, 3, 5 et 7; en les comparant aux diverses sortes d'utricules polliniques, contenus dans la boîte anthérifère des étamines, on ne peut s'empêcher d'y voir la plus grande analogie (si ce n'est la fertilité des uns et la stérilité des autres), et de croire, en renonçant à la nécessité des sexes et d'une fécondation dans les végétaux, que l'étamine, dans laquelle on a cru voir la faculté masculine, n'est qu'un péricarpe rudimentaire, latéral et affamé par celui qui termine l'axe, et dans la partie terminale (stigmate) duquel réside, dit-on, l'organe femelle.

Sous peu je ferai connaître que le végétal le plus compliqué, étant convenablement étudié, je veux dire de bas en haut et dans toutes ses évolutions, devient un être tellement simple, que, pour toute organisation, il se réduit à deux choses; savoir, à un axe et à des organes appendiculaires, parfaitement identiques, qui rayonnent et s'échappent par exfoliation de ce même axe; je prouverai en même temps, par des comparaisons établies entre ces organes, que l'on a pris les uns pour la partie masculine, les autres pour la partie féminine, et par des expériences que ces petits corps reproducteurs, terminaux, auxquels on a donné le nom d'embryon-graine, peuvent tout aussi bien se développer, sans le secours d'une fécondation, que le font ceux des deux autres moyens de reproduction, les embryons-latens et les embryons-fixes ou bourgeons.

8. FROMENT *cultivé* (*triticum vulgare*, Willd., *Enum.*). Graine sillonnée, sur laquelle adhère fortement le péricarpe : *a*, styles et stigmates persistans; *b*, sillon toujours tourné du côté de la tige, et indiquant que, de ce côté, avortent constamment deux péricarpes semblables à celui qui se développe.

9. Coupe verticale de la même : *a*, péricarpe; *b*, tunique propre de la graine; *c*, hile ou point d'attache par lequel le fruit communiquait avec la plante-mère; *d*, micropyle aboutissant à la radicule principale de l'embryon; *e*, masse endospermique, amilacée; *f*, embryon basilaire et extérieur à l'endosperme; *g*, première feuille cotylédonaire, latérale, *libre*, adossée à l'endosperme; *h*, seconde feuille cotylédonaire, rudimentaire, latérale, *libre*, extérieure; *i*, coléorhize ou gaîne particulière enveloppant la radicule propre de presque toutes les plantes monocotylédones et de quelques dicotylédones à leur naissance; *l*, radicule propre; *m*, gemmule.

Obs. La masse endospermique *e*, constante et très-considérable, relativement à l'embryon, dans toutes les graines des plantes monocotylédones, est la partie qui, dans les plantes céréales, sert à faire le pain.

Les feuilles cotylédonaires libres et latérales, insérées sur le même point que celles, par exemple, de l'embryon d'un haricot ou de tout autre dicotylédon, dont l'une, en *g*, est développée, tandis que l'autre, en *h*, est restée à l'état rudimentaire, fournissent un passage très-naturel entre les embryons monocotylédons à cotylédons libres et latéraux de la plupart des graminées et des cypérées, et ceux qui ont deux cotylédons également développés. Le pivot principal de la radicule des plantes monocotylédones devant se désorganiser peu de temps après sa naissance, la nature semble y avoir pourvu en établissant plusieurs autres radicules latérales et supplémentaires.

10. Embryon isolé de la précédente figure, coupé verticalement et commençant à germer : *a*, grande feuille cotylédonaire, celle, *g*, de la figure précédente ; *b*, feuille cotylédonaire rudimentaire ; *c*, coléorhize de la radicule propre, celle qui doit se détruire ; *cc*, coléorhizes des radicules latérales et supplémentaires, celles qui doivent persister ; *d*, radicule propre ; *dd*, radicules supplémentaires ; *e*, gemmule ; *f*, point que j'ai nommé la ligne médiane horizontale des végétaux, duquel s'élancent, dans un sens opposé, les systèmes terrestre et aérien.

11. Le même plus avancé : *a*, débris du fruit restant attachés près de la ligne médiane, et dont l'endosperme, réduit à l'état d'émulsion, sert de première nourriture à la jeune plante. Les feuilles cotylédonaires, n'étant point susceptibles de prendre de l'accroissement, restent sous la terre enfermées dans les enveloppes du péricarpe et de la graine, où elles se flétrissent, et sont dites hypogées ; *b*, coléorhizes ; *c*, radicule propre ; *cc*, radicules supplémentaires, *d*, première feuille engaînante de la gemmule ; *e*, seconde.

12. SCIRPE *des marais* (*scirpus palustris*, Lin.). Coupe verticale d'une graine commençant à germer : *a*, péricarpe ; *b*, base renflée du style, ou, si l'on aime mieux, sommet renflé du péricarpe, puisque le style n'est jamais qu'une prolongation naturelle de la nervure médiane de la feuille ovarienne dont se compose ce dernier ; *c*, tunique propre de la graine ; *d*, endosperme ; *e*, phycostème ; *f*, embryon germant ; *g*, feuille cotylédonaire, *libre* et latérale ; *h*, coléorhize ; *i* et *l*, première et seconde feuilles de la gemmule.

13. CAPUCINE *cultivée* (*tropœolum majus*, Lin.). L'une des trois coques du fruit en état de germination : *a*, péricarpe ; *b*, coléorhizes ; *c*, radicule propre de l'embryon ; *d*, radicule supplémentaire ; *e*, gemmule.

14. La même que la précédente dont on a enlevé le péricarpe : *a*, tunique propre de la graine.

15. *Id.* Dont on a enlevé une des feuilles cotylédonaires : *a*, tunique de la graine ; *b*, point d'insertion des deux feuilles cotylédonaires soudées par leur sommet ; *c*, feuille cotylédonaire ; *d*, gemmule ; *e*, stipules accompagnant la base des deux feuilles opposées de la gemmule ; *f*, point qu'occupait le cotylédon que l'on a enlevé.

Obs. La germination de la *capucine* offre trois choses remarquables : 1°. l'union, par soudure et seulement au sommet, de ses deux feuilles cotylédonaires ; 2°. des coléorhizes semblables à celles qui enveloppent les radicules des plantes monocotylédones ; 3°. deux stipules accompagnant la base de chacune des feuilles opposées, dites primordiales, et qui ne se reproduisent sur aucune de celles, alternes, qui se développent ensuite le long de la tige.

Les trois feuilles ovariennes et verticillées, destinées à composer, par soudure, le péricarpe tricoque de la capucine, favorisées par une végétation active, peuvent quelquefois, comme l'a observé **M.** Dutrochet, se développer librement de la même manière que tous les autres organes appendiculaires et laminés placés au-dessous, et ne point donner lieu au péricarpe clos et soudé de cette plante.

Cet exemple, assez rare dans la capucine, est constant dans un assez grand nombre de végétaux : c'est principalement dans le merisier à fleurs doubles que j'engage le lecteur à l'observer.

TABLEAU XXXVI.

Graines et germinations.

1. **RADIS** (*raphanus sativus, rotondus*, Lin.). Graine commençant à germer : *a*, tunique propre ; *b*, ligne médiane horizontale ou point de départ des systèmes terrestre et aérien ; *c*, première élongation du système aérien (tigelle) ; *d*, feuilles cotylédonaires encore enveloppées sous la tunique de la graine.

2. *Id.* Embryon plus développé : *a*, ligne médiane horizontale ; *b*, premier article ou mérithalle du système aérien (tigelle) élevant les feuilles cotylédonaires, *d*, au-dessus du sol, et produisant, en se gonflant, la rave ou le radis ; *c*, point d'insertion des deux feuilles cotylédonaires ; *d*, feuilles cotylédonaires ; *e*, gemmule ; *f*, radicule.

3. POIS *cultivé* (*pisum sativum*, Lin.). Graine : *a*, omphalode; *b*, hile; *c*, micropyle; *d*, corps calleux.

4. *Id.* Embryon dépouillé de sa tunique : *a*, ligne médiane; *b*, feuilles cotylédonaires; *c*, radicule; *e*, ombilics par lesquels l'embryon communiquait avec la plante-mère.

5. Le même dont on a ouvert les feuilles cotylédonaires : *a*, ligne médiane; *b*, feuilles cotylédonaires; *c*, radicule; *d*, gemmule.

6. PALÉTUVIER *des marais* (*rhizophora mangle*, Lin.). Embryon vivipare, germant dans l'intérieur des enveloppes du péricarpe et de la graine, lors même qu'il est encore attaché à la plante-mère : *a*, folioles du calice persistantes; *b*, phycostème? *c*, tunique de la graine; *d*, radicule de l'embryon.

7. Portion supérieure du même : *a*, ligne médiane; *b*, naissance de la radicule; *c*, quatre feuilles cotylédonaires, tordues.

8. Coupe verticale de la partie supérieure de la figure 6 : *a*, folioles calicinales; *b*, phycostème; *c*, péricarpe; *d*, tunique propre de la graine accrue; *e*, ligne médiane; *f*, radicule; *g*, feuilles cotylédonaires.

9. CAPUCINE *cultivée* (*tropœolum majus*, Lin.). Germination : *a*, ligne médiane; *b*, pétioles des feuilles cotylédonaires soudées par leur sommet et encore contenues sous la tunique propre de la graine en *c; d*, coléorhize de la radicule principale; *dd*, coléorhizes des radicules latérales, supplémentaires; *e*, radicule; *f*, premier article séparant les feuilles cotylédonaires, *b*, des feuilles opposées et stipulées de la gemmule en *h; g*, point d'insertion des feuilles de la gemmule; *h*, feuilles de la gemmule; *i*, stipules; *l*, suite de la gemmule.

Obs. Les germinations (fig. 2 et 9) présentent, dans leur première évolution, des différences qu'il est important de bien distinguer : l'une (fig. 2) porte des feuilles cotylédonaires, *d*, susceptibles de croître, de verdir et d'être exhaussées au-dessus du sol au moyen d'une première élongation, *b* (tigelle). Ces feuilles cotylédonaires, ainsi soulevées et éloignées de la ligne médiane, *a*, sont dites *épigées*, tandis que, dans l'autre (fig. 9), ces mêmes feuilles cotylédonaires, *b*, ayant reçu, sous la tunique de la graine, tout leur accroissement, restent sur le point où elles sont nées, s'y flétris-

sent et s'y décomposent sans jamais sortir de terre : celles-là
sont distinguées des autres par le nom d'*hypogées*.

Il suit de ces deux modes de développement que, dans les
deux figures, les premières élongations, *b* et *f*, sont très-
différentes, et que l'on ne peut les confondre, sous le nom
de tigelle, comme on l'a fait assez communément. Dans les
plantes à feuilles cotylédonaires hypogées, les secondes
feuilles (fig. 9 en *h*), que l'on a faussement désignées par le
nom de primordiales, sont-elles toujours opposées, quelle
que soit la disposition de celles qui naissent ensuite?

10. PIN *à pignons* (*pinus pinea*, Lin.). Péricarpe ailé,
irrégulier, osseux, indéhiscent, uniloculaire, monosperme :
a, point par lequel il communiquait avec la plante-mère.

11. Le même coupé verticalement : *a*, aile membraneuse
du péricarpe; *b*, partie osseuse du péricarpe; *c*, tunique
propre de la graine; *d*, endosperme; *e*, ligne médiane de
l'embryon; *f*, radicule ou système terrestre; *g*, feuilles cotylédonaires dépendant du système aérien.

12. *Id*. Coupé horizontalement.

13. *Id*. Premier mouvement de la germination : *a*, péricarpe dont on a enlevé une moitié, afin de mettre la graine
à découvert; *b*, tunique extérieure de la graine; *c* et *d*, tunique intérieure.

14. *Id*. Germination plus avancée : *a*, péricarpe, dépourvu
de son aile, s'ouvrant, par l'effet de la germination, en deux
valves; *b*, tunique extérieure de la graine; *c* et *d*, tunique
intérieure; *e*, ligne médiane; *f*, feuilles cotylédonaires.

15. *Id*. Portion supérieure d'un embryon dégagé de ses
enveloppes protectrices : *a*, point d'insertion des dix feuilles
cotylédonaires.

16. PATURIN *bulbeux* (*poa bulbosa*, Lin.; VAR. *vivi-
para*). Épillet dont les calices et les valves des prétendues
corolles des *graminées*, en cessant d'être des feuilles rudimentaires, forment, par cette végétation forcée, une sorte
d'oignon terminal et aérien : *a*, radicelles coléorhizées, se
développant à la base charnue des feuilles.

16 *a*. On trouve quelquefois, dans l'aisselle des troisième
et quatrième feuilles de cet épillet, un petit rameau bifo-
liacé dont l'axe se termine par trois étamines rudimentaires :
c'est que l'on est convenu de nommer une fleur mâle par
avortement du pistil.

(169)

Obs. Ce moyen de multiplication, auquel on a donné le nom de *vivipare*, n'a rien de commun avec celui que présente le palétuvier des marais (fig. 6) : ici, c'est l'embryon qui prend de l'accroissement au sein de sa mère, et qui s'en isole, pour aller se confier à la terre, sans le secours des enveloppes de la graine et du péricarpe; tandis que, dans le paturin bulbeux, ce ne sont que de véritables feuilles qui, en devenant charnues, se reproduisent, comme beaucoup d'autres feuilles, par les embryons-latens ou adventifs.

L'ensemble de ces feuilles bulbifères peut être assimilé aux bulbines axillaires et écailleuses de certaines *liliacées*, qui, comme l'on sait, sont de véritables bourgeons ou embryons-fixes.

TABLEAU XXXVI (*bis*).

Embryons végétaux, isolés, considérés la plupart dans leur état de réclusion, et comparés entre eux du plus simple au plus composé.

Je n'ai compris, dans ce Tableau, que ces corps reproducteurs qui, sous les tuniques de la graine, présentent déjà, sur le système supérieur de leur petite tige, ces premiers organes appendiculaires libres ou soudés en gaîne, qui caractérisent leur mère, et auxquels organes, en ce premier état du végétal, on a donné le nom de cotylédons.

Ceux qui, à l'exemple des végétaux dans l'intérieur desquels ils prennent naissance, sont dépourvus d'appendicules et simplement bornés aux axes, tels que dans les champignons et les algues de terre et de mer, n'en font point partie.

1. CUSCUTE *à petite fleur* (*cuscuta minor*; CUSCUTA *Europœa*, Lin.). Embryon réduit à l'axe, dépourvu de feuilles cotylédonaires : *a*, radicule; *b*, sommet de l'axe aérien tenant lieu de gemmule.

Obs. Il est tout naturel qu'un embryon né d'une mère qui ne produit que des organes appendiculaires, rudimentaires (feuilles écailleuses), soit dépourvu pendant quelque temps de ces mêmes organes, lorsque nous voyons ceux des végétaux qui ont les feuilles les plus amplement développées, n'en offrir que de rudimentaires (cotylédons).

2. COLCHIQUE *d'automne* (*colchicum autumnale*, Lin.).

Embryon endospermé, monocotylédon; feuille cotylédonaire *isolée*, latérale, soudée en gaîne : *a*, système terrestre; *b*, système aérien.

3. FRITILLAIRE *impériale* (*fritillaria imperialis*, Lin.).
Embryon endospermé, monocotylédon; feuille cotylédonaire *isolée*, latérale, soudée en gaîne : *a*, ligne médiane;
b, système terrestre; *c*, système aérien.

4. COCO *des Indes* (*cocos nucifera*, Lin.). Embryon endospermé, monocotylédon; feuille cotylédonaire *isolée*, latérale, soudée en gaîne : *a*, ligne médiane; *b*, système terrestre; *c*, système aérien.

Obs. Ce renflement que l'on observe au-dessus du point
de la ligne médiane, *a*, semble indiquer un commencement
de feuilles cotylédonaires libres et latérales, réduites au
simple épaulement qui supporte les feuilles des tiges.

5. BANANIER *à fruit court* (*musa sapientum*, Lin.).
Embryon endospermé, monocotylédon; feuille cotylédonaire *isolée*, latérale, soudée en gaîne : *a*, ligne médiane;
b, système terrestre; *c*, système aérien.

Obs. Le renflement de la figure précédente est ici bien
plus prononcé.

6. DANTHONIE *inclinée* (*danthonia decumbens*). Embryon endospermé, monocotylédon; feuille cotylédonaire
isolée, latérale, *libre* : *a*, ligne médiane; *b*, système terrestre; *c*, feuille cotylédonaire *libre* et latérale; *c'*, prolongement inférieur de la feuille cotylédonaire que l'on remarque
également dans la plupart des embryons à feuilles cotylédonaires associées; *d*, gemmule.

Obs. La ligne ponctuée simule une seconde feuille cotylédonaire qui ne se développe point encore sur ces embryons.

7. SCIRPE *des bois* (*scirpus sylvaticus*, Lin.). Embryon
endospermé, monocotylédon; feuille cotylédonaire *isolée*,
latérale, *libre* : *a*, ligne médiane; *b*, système terrestre;
c, feuille cotylédonaire *libre* et latérale; *d*, gemmule.

Obs. Les lignes ponctuées indiquent, d'une part, le péricarpe et l'endosperme, dans lesquels le cotylédon, *c*, reste
engagé; de l'autre, un deuxième cotylédon dont les embryons des *cypérées* ne sont point encore pourvus.

8. ORGE *commune* (*hordeum vulgare*, Lin.). Embryon
endospermé, monocotylédon; feuille cotylédonaire *isolée*,
latérale, *libre* : *a*, ligne médiane; *b*, système terrestre;

c, feuille cotylédonaire *libre* et latérale; *c'*, prolongement inférieur de la feuille cotylédonaire; *c"*, premier rudiment d'une seconde feuille cotylédonaire; *d*, gemmule.

9. FROMENT *cultivé* (*triticum sativum*, Lam.). Embryon endospermé, *pseudo-dicotylédon;* feuilles cotylédonaires *associées* par couple, *libres : a*, ligne médiane; *b*, système terrestre; *c*, feuille cotylédonaire ayant atteint son maximum de développement; *c'*, prolongement inférieur du cotylédon; *c"*, deuxième feuille cotylédonaire restant à l'état rudimentaire; *d*, gemmule.

10. HARICOT *commun* (*phaseolus vulgaris*, Lin.). Embryon dépourvu d'endosperme, dicotylédon; feuilles cotylédonaires *associées* par couple, libres : *a*, ligne médiane; *b*, système terrestre; *c*, feuilles cotylédonaires, écartées; *d*, gemmule.

11. COURGE *pepon* (*cucurbita pepo*, Lin.). Embryon dépourvu d'endosperme, dicotylédon; feuilles cotylédonaires *associées* par couple, libres : *a*, ligne médiane; *b*, système terrestre; *c*, feuilles cotylédonaires; *d*, gemmule.

12. PLAQUEMINIER *de Virginie* (*diospyros Virginiana*, Lin.). Embryon endospermé, dicotylédon; feuilles cotylédonaires *associées* par couple, libres : *a*, ligne médiane; *b*, système terrestre; *c*, feuilles cotylédonaires, nervulées.

13. *Id.* Vu de côté : *a*, ligne médiane; *b*, système terrestre; *c*, feuilles cotylédonaires; *d*, gemmule.

14. PINUS *nigra*, PINUS *mariana*, Gœrt., Tabl. 91, fig. 1. Embryon endospermé, *tricotylédon*; feuilles cotylédonaires *associées* par verticille, libres : *a*, ligne médiane; *b*, système terrestre; *c*, feuilles cotylédonaires.

15. CORNIFLE *nageant* (*ceratophyllum demersum*, Lin.). Embryon dépourvu d'endosperme, *pseudo-quadricotylédon;* feuilles cotylédonaires *associées* par verticille, libres, inégales, deux plus petites, opposées : *a*, ligne médiane; *b*, système terrestre; *c*, feuilles cotylédonaires développées et rudimentaires; *d*, gemmule verticillée.

16. PINUS *Americana*, Mich., *Amér.*, 2, pag. 203; PINUS *microcarpa*, Lambert, *Monog*. Embryon endospermé, *quadricotylédon;* feuilles cotylédonaires *associées* par verticille, libres : *a*, ligne médiane; *b*, système terrestre; *c*, feuilles cotylédonaires.

17. PIN *à pignons* (*pinus pinea*, Lin.). Embryon en-

dospermé, *polycotylédon ;* feuilles cotylédonaires *associées* par verticille, libres : *a*, ligne médiane; *b*, système terrestre ; *c*, feuilles cotylédonaires.

18. *Id.* Le même commençant à se développer : *a*, ligne médiane; *b*, système terrestre; *c*, première élongation ou mérithalle (tigelle) comprise entre la ligne médiane et la naissance des feuilles cotylédonaires; *e*, feuilles cotylédonaires; *f*, gemmule composée de plusieurs jeunes feuilles verticillées.

CLASSIFICATIONS.

PARTIE ARTIFICIELLE.

TABLEAU XXXVII.

Méthode de Tournefort.

I 1. IPOMÆA *pourpre* (*ipomæa purpurea*, Lam.); 2. ARBOUSIER *des Pyrénées* (*arbutus unedo*, Lin.); 3. CAMPANULE *gantelée* (*campanula trachelium*, Lin.).

2 1. PHLOX *en alêne* (*phlox subulata*, Lin.); 2. TABAC (*nicotiana tabacum*, Lin.); 3. BOURRACHE *officinale* (*borago officinalis*, Lin.).

3 1. MUFLIER *des jardins* (*antirrhinum majus*, Lin.); 2. *id.*, calice et pistil.

4 1. SAUGE *des prés* (*salvia pratensis*, Lin.); 2. *id.*, pistil; 3. *id.*, calice ouvert, dans l'intérieur duquel on voit quatre graines placées dans un péricarpe cupulaire et rudimentaire.

5 1. GIROFLÉE *des murailles* (*cheiranthus cheiri*, Lin.); 2. *id.*, silique ouverte; 3. LEPIDIUM *iberis*, Lin., silicule.

6 1. FRAISIER *des bois* (*fragaria vesca*, Lin.); 2. POMMIER *commun* (*malus communis*).

7 1. CIGUE *des jardins* (*conium maculatum*, Lin.); 2. BERCE *des prés* (*heraclum sphondylium*, Lin.); 3. fleur grossie et isolée de l'ombelle de la ciguë des jardins.

8 1. OEILLET *mignardise* (*dianthus moschatus*); 2. *id.*, pétale et étamine.

9. LIS *blanc* (*lilium candidum*, Lin.).

10 1. BAGUENAUDIER *en arbre* (*colutea arborescens*, Lin.); 2. GESSE *odorante* (*lathyrus odoratus*, Lin.).

11 1. ACONIT *napel* (*aconitum napellus*, Lin.); 2. *id.*, pistils, étamines et corolle en *a*; 3 *id.*, pistils.

12 1. CENTAURÉE (grande) (*centaurea centaurium*, Lin.); 2. *id.*, fleur isolée : *a*, feuilles rudimentaires, filiformes.

TABLEAU XXXVIII.

Méthode de Tournefort.

13 1. PISSENLIT *dent-de-lion* (*taraxacum dens-leonis*, Desf., *Atl.*; LEONTODON *taraxacum*, Lin.); 2. *id.*, fleur irrégulière, hermaphrodite, isolée de la figure précédente : *a*, ovaire; *b*, calice supérieur; *c*, corolle ligulée; *d*, étamines; *e*, style; *f*, stigmates.

14 1. PAQUERETTE *vivace* (*bellis perennis*, Lin.); 2. ASTER *de Chine* (*aster Chinensis*, Lin.); CALLISTEMME *des jardins* (*callistemma hortensis*, H. Cass.). Fleur irrégulière, femelle, de la circonférence; 3. *id.*, fleur régulière, hermaphrodite, du centre : *a*, ovaire; *b*, calice supérieur; *c*, corolle; *d*, style; *e*, stigmates.

15. AVOINE *d'Orient* (*avena Orientalis*, Schreb.) : *a*, tige ou axe commun (rachis); *b*, nœuds-vitaux; *c*, feuilles rudimentaires, inférieures, à aisselle stérile (calice des botanistes); *cc*, feuilles rudimentaires contenant, dans leur aisselle, un court rameau uniflore; *d*, spathelle ou feuille rudimentaire développée sur le rameau uniflore.

16. ADIANTHE *à feuilles en forme de trapèze* (*adianthum trapeziforme*) : *a*, fructification.

17 1. AGARIC *annelé* (*agaricus annularis*) : *a*, pédicule; *b*, appendicules; *c*, débris de la partie inférieure du chapeau ou conceptacle; *d*, conceptacle lamelleux, dans lequel naissent les corps reproducteurs; 2. PLACODE *jaune* (*placodium candelarium*; LICHEN *candelarius*, Lin.).

18. PISTACHIER *cultivé* (*pistacia vera*, Lin.); 1. fleurs mâles; 1. *a*, fleurs mâles, grossies; 2. fleurs femelles; 2. *a*, l'une d'elles isolée.

Obs. La partie nommée mâle dans le pistachier cultivé. se réduit, quand on l'observe soigneusement, à une seule étamine; ce que l'on a pris pour une fleur triandre ou pentandre, et dans laquelle on a encore trouvé le moyen de faire un calice, est tout bonnement un court rameau *tri-stamini-fère*, né dans l'aisselle d'une feuille rudimentaire. L'une de ces trois étamines termine l'axe du rameau, tandis que les deux autres, émanant latéralement de la base de ce même rameau, naissent de nœuds-vitaux particuliers, bordés d'une feuille rudimentaire, plus réduite encore que celle qui accompagne le rameau triflore. C'est avec ces petites feuilles rudimentaires, appartenant à des degrés différens de végétation, allant toujours en se réduisant à mesure qu'elles approchent de la partie la plus terminale des axes, que l'on compose, dans ces sortes de plantes, un calice.

19. NOYER *cultivé* (*juglans regia*, Lin.); 1. fleurs mâles réunies en un chaton; 2. fleurs mâles distraites du chaton; 3. fleurs femelles.

20. ARBOUSIER *des Pyrénées* (*arbutus unedo*, Lin.).

21. ROSE *ponceau* (*rosa punica*).

22 1. GAINIER *de Judée* (*cercis siliquastrum*, Lin.); 2. *id.*, pistils et étamines.

TABLEAU XXXIX.

Système sexuel de Linné.

1. PESSE *commune* (*hippuris vulgaris*, Lin.); 1. rameau; 2. fleur isolée et grossie : *a*, ovaire; *b*, calice supérieur ou adhérent; *c*, étamine; *d*, style et stigmate; 3. BLETTE *à fleurs en tête* (*blitum capitatum*, Lin.). Fleur grossie.

2 1. LILAS *commun* (*syringa vulgaris*, Lin.; LILAC *vulgaris*, Lam.); 2. coupe verticale d'une fleur; 3. VÉRONIQUE *de montagne* (*veronica montana*, Lin.); 4. CIRCÉE *de Paris* (*circœa Lutetiana*, Lin.).

3 1. IXIA; 2 VALÉRIANE *officinale* (*valeriana officinalis*, Lin.); 3. IVRAIE *raygrass* (*lolium perenne*, Lin.) : *a*, bractée; *b*, spathelle composée de deux bractéoles latérales, soudées.

Obs. La bractée et la spathelle sont des feuilles rudimentaires, réduites à la base pétiolaire et engaînante des autres feuilles de la plante.

4 1. SCABIEUSE *tronquée* (*scabiosa succisa*, Lin.); 2. CORNOUILLER *sanguin* (*cornus sanguinea*, Lin.); 3. PLANTAIN *capuchon* (*plantago maxima*, Jacq. *Ic.*).

5 1. ANET *fenouil* (*anethum fœniculum*, Lin.); 2. CHÈ-
VREFEUILLE *des jardins* (*lonicera caprifolium*, Lin.); 3.
VIORNE *laurier-tin* (*viburnum tinus*, Lin.).

6 1. SCILLE *d'automne* (*scilla autumnalis*, Lin.); 2. DIA-
NELLE *bleue* (*dianella cærulea*); 3. ÉPINE-VINETTE (*berberis vulgaris*, Lin.).

7. MARRONNIER *d'Inde* (*æsculus hippocastanum*, Lin.).

8 1. FUCHSIA *écarlate* (*fuchsia coccinea*, H. K.); 2. ÉPI-
LOBE *à épi* (*epilobium spicatum*, Lam.).

TABLEAU XL.

Système sexuel de Linné.

9 1. BUTOME *ombellifère* (*butomus umbellatus*, Lin.);
2. RHUBARBE *rhapontic* (*rheum rhaponticum*, Lin.).

10 1. RHODODENDRON *de Pont* (*rhododendron Ponticum*,
Lin.); 2. SAXIFRAGE *velue* (*saxifraga hirsuta*, Lin.).

11 1. HALESIA *à quatre ailes* (*halesia tetraptera*, Lin.);
2. EUPHORBE *piquant* (*euphorbia spinosa*, Lin.).

12. CIERGE *opontia* (*cactus opuntia*, Lin.).

13. NÉNUPHAR *blanc* (*nymphæa alba*, Lin.).

14 1. LINAIRE *commune* (*linaria vulgaris*, Willd.,
Enum.; ANTIRRHINUM *linaria*, Lin.); 2. *id.*, fruit coupé
en travers; 3. LAMIUM *pourpre* (*lamium purpureum*, Lin.);
4. *id.*, coupe verticale d'un calice dans lequel on voit quatre
graines situées à la base d'un péricarpe rudimentaire.

15 1. CHOU *commun* (*brassica oleracea*, Lin.); 2. GIRO-
FLÉE *des murailles* (*cheiranthus cheiri*, Lin.) : pistil et
étamines; 3. THLASPI *bourse-à-berger* (*thlaspi bursa-pas-
toris*) : silicule ouverte; 4. MOUTARDE *noire* (*sinapis nigra*,
Lin.) : silique ouverte.

16 1. MAUVE *sauvage* (*malva sylvestris*, Lin.); 2. ADAN-
SONIA *digité, pain de singe* (*adansonia digitata*, Lin.).

TABLEAU XLI.

Système sexuel de Linné.

17 1. POIS *des champs* (*pisum arvense*, Lin.); 2. *id.*,
pistil et étamines : *a*, neuf étamines soudées, par leur filet,

en un androphore; *b*, une dixième étamine libre; *c*, anthères; *d*, style et stigmate; 3. CROTALAIRE (*crotalaria*) :
a, côté du péricarpe qui donne naissance aux graines, celui
en même temps qui est tourné du côté de la tige, et vers
lequel une partie, au moins, semblable à celle qui se développe, est avortée.

18 1. CITRONNIER *oranger* (*citrus aurantium*, Lin.);
2. MILLEPERTUIS *officinal* (*hypericum perforatum*, Lin.);
3. *id.*, pistil et étamines.

19 1. CAMOMILLE *officinale* (*anthemis nobilis*, Lin.);
2. *id.*, fleur femelle, irrégulière, ligulée, de la circonférence; 3. *id.*, fleur hermaphrodite, régulière, du centre;
4. PISSENLIT *dent-de-lion* (*taraxacum dens-leonis*, Desf.) :
a, partie très-déprimée de la tige, sur laquelle les fleurs
étaient disposées alternativement et en spirale; *b*, calice supérieur, fimbrillé.

20. OPHRYS *mouche* (*ophrys myodes*, Jacq.) : *a*, tige;
b, feuille rudimentaire par épuisement, bordant et protégeant le nœud-vital qui a donné naissance au rameau terminé ou rameau-fleur; *c*, ovaire inférieur; *d*, calice supérieur, adhérent, composé de trois folioles; *e*, organes appendiculaires plus intérieurs, faisant la fonction de corolle;
f, phycostème; *g*, columelle composée de l'union soudée du
style et d'une étamine.

Obs. Aux deux côtés de la columelle anthérifère (*gynostème*, Rich.), on distingue deux petites proéminences
(*staminodes*, Rich.) qui, en effet, représentent deux étamines rudimentaires, également soudées avec le style : ces
deux étamines imparfaites, et celle dont l'anthère se développe au sommet du style, étant comptées avec trois autres,
soudées et masquées dans le *labellum*, presque toujours
trifides (*phycostème*, Turp.), expliquent comment il arrive
que, quelquefois, certaines fleurs d'orchidées, en se symé-
trisant, sont pourvues de six étamines parfaites.

21 1. NOISETIER *avelinier* (*corylus avellana*, Lin.) :
a, fleurs mâles rapprochées et alternant en spirale autour
d'un axe commun (chaton); *b*, fleurs femelles; 3. *id.*, fleur
femelle, isolée; 4. *id.*, fleur mâle.

22. BRYONE *dioïque* (*bryonia dioica*, Jacq., *Austr.*);
1. fleur mâle; 2. fleur femelle.

23. FÉVIER *à trois pointes* (*gleditsia triacanthos*, Lin.);

1. fleur mâle par avortement du pistil; 2. fleur hermaphrodite; 3. fleur femelle par avortement des étamines.

24 1. AGARIC (*agaricus*); 2. SCYPHOPHORE *cochenille* (*scyphophorus cocciferus; lichen cocciferus*, Lin.); 3. HYPNUM *minutilum*, Hedw.; 4. ASPLENIUM *trichomanes*, Lin.

TABLEAU XLII.

Méthode naturelle de M. de Jussieu.

Ce tableau s'explique lui-même.

TABLEAU XLIII.

Méthode naturelle de M. de Jussieu.

1. Portion d'une tige (chaume) : *a*, nœud-vital, bordé et protégé par une feuille à pétiole engaînant; gaîne fendue jusqu'à la naissance de la feuille.

2. Coupe verticale de la figure précédente : *a*, nœud-vital.

Obs. De ce nœud-vital, dans un grand nombre de *graminées*, il naît un bourgeon ou embryon-fixe qui reste stationnaire ou qui se développe en rameau, selon que les espèces qui les produisent sont plus ou moins vigoureuses.

3. Feuille détachée : *a*, pétiole engaînant; *b*, ligule; *c*, lame.

4. Partie terminale et florifère de la tige (épi) : *a*, nœuds-vitaux bordés par une feuille rudimentaire, desquels naissent de courts rameaux multiflores.

5. L'un des rameaux multiflores (épillet) détaché et grossi : *a*, un article de la tige ou rachis détaché de la fig. 4, premier degré de végétation; *a'*, tige de l'épillet, deuxième degré de végétation, née dans l'aisselle de la feuille rudimentaire *b; a"*, tige du rameau spathellé, uniflore, axillaire aux feuilles rudimentaires *c'; b*, feuille rudimentaire très-réduite, bordant les nœuds-vitaux, *a,* de la fig. 4, et représentant celles, plus développées, qui naissent sur le rachis commun de l'épi composé des *lolium; c*, feuilles rudimentaires les plus inférieures de l'épillet, servant à composer le prétendu calice des botanistes, bordant chacune un nœud-vital, constamment stérile; *c'*, autres feuilles rudi-

mentaires nées du même axe que celles dont nous venons de parler, bordant des nœuds-vitaux fertiles, desquels sortent de petits rameaux, *a"*, uniflores et spathellés; *c"*, dernier effort de la végétation se bornant à quelques feuilles rudimentaires, et dans lequel les botanistes ont vu une fleur neutre; *c* 3, nervure médiane des feuilles rudimentaires se prolongeant en une longue arête.

Obs. Il faut voir, dans la composition de cet épillet, le rameau florifère et feuillé d'un grand nombre de plantes dicotylédones, surtout de ceux qui portent des fleurs dépourvues de calices et de corolles. Trois degrés de végétation, très-distincts, se manifestent dans celui que l'on a sous les yeux : le premier, marqué de la lettre *a*, est muni du nœud-vital qui a servi de conceptacle au rameau florifère, et ce nœud-vital est protégé par la petite feuille rudimentaire *b*; le second, indiqué par *a'*, produit, alternativement et sur deux côtés, les feuilles rudimentaires, à aisselles stériles ou fertiles, désignées par les lettres *c*, *c'* et *c"*; le troisième enfin, distingué des deux précédens par *a"*, est très-court, et se termine par une fleur nue, accompagnée de deux bractéoles latérales et soudées par celui de leur bord qui regarde l'axe *a'*.

Le dernier terme de la végétation épuisée de ce rameau, en *c"*, est entièrement analogue à celui que, dans d'autres cas, on a nommé *chalaze*.

6. Coupe plane d'une fleur, des feuilles rudimentaires qui l'avoisinent, et de l'axe dont elles émanent, afin de bien faire connaître la situation relative de chacune de ces parties entre elles : *a*, l'axe; *b*, feuille rudimentaire représentant celles, *c*, *c'* et *c"*, de la figure précédente. Je laisse à ces feuilles, dont le principal caractère est d'avoir une nervure médiane et de tourner le dos à l'extérieur, le nom de *bractées*; *c*, celle-ci, figurée sous le n°. 7 en *a*, toujours adossée à l'axe *a* (fig. 6), manquant de nervure médiane, bicarénée et embrassante, est la réunion soudée de deux bractéoles latérales : entièrement analogue à la spathe des *palmiers*, j'ai cru devoir lui donner le nom de *spathelle* ' ; *d*, lobes du phycostème; *e*, étamines; *f*, pistil; *g*, embryon. On s'est per-

---

' Voyez mon *Mémoire sur l'inflorescence des graminées et des cypérées*, etc. (*Mém. du Mus. d'hist. nat.*, tom. v).

(179)

mis, dans cette figure, d'anticiper sur l'époque, en plaçant un embryon dans un ovaire où il n'est pas encore visible.

7. *a*, Spathelle embrassant et protégeant une fleur nue; *b*, lobes du phycostème; *c*, pistil.

Obs. La spathelle des graminées et la spathe de presque tous les palmiers sont le produit de deux bractéoles latérales et soudées; les angles latéraux et tranchans, souvent munis de poils, sont les nervures médianes des deux petites feuilles rudimentaires qui constituent cet organe, presque toujours bifide au sommet.

8. Une étamine.

Obs. Les étamines des *graminées*, comme celles de beaucoup d'autres végétaux, n'ont des anthères vacillantes que parce que les lobes se prolongent beaucoup au-delà du connectif sur lequel le filet s'articule.

9. Fruit vu du côté extérieur : *a*, situation latérale et basilaire de l'embryon.

10. Le même vu du côté intérieur et sillonné : *a*, le hile ou point par lequel ce fruit communiquait avec la plante-mère; *b*, micropyle.

11. *Id.* Coupé dans les deux sens : *a*, le hile; *b*, micropyle; *c*, péricarpe et tunique de la graine; *d*, endosperme; *e*, embryon; *f*, grande et petite feuilles cotylédonaires; *g*, gemmule.

TABLEAU XLIII (*bis*).

Méthode naturelle de M. de Jussieu.

1. Plante entière, réduite et représentée au moment de sa floraison.

2. Épi composé d'un grand nombre de fruits excessivement rapprochés et alternant autour d'un axe commun.

3. Spadix dépouillé de sa spathe : *a*, partie terminale et claviforme de l'axe, ne remplissant aucune fonction connue; *b*, plusieurs verticilles de glandes, peut-être des ovaires stériles, terminées chacune en un filament; *c*, plusieurs verticilles d'anthères sessiles; *d*, pistils nombreux, composés d'un ovaire et de plusieurs stigmates sessiles et rayonnans.

4. Pistil isolé et grossi.

5. Coupe verticale du même pour faire connaître que l'ovaire est uniloculaire, et que les ovules qu'il contient,

attachés latéralement, sont plus nombreux que les graines que l'on observe dans le fruit mûr.

7. Fruit.

8. Le même dont on a enlevé une partie du péricarpe pour faire voir les graines.

9. Graine.

10. La même coupée verticalement, dans laquelle on distingue l'embryon situé à la base de l'endosperme.

11. Embryon isolé.

TABLEAU XLIV.

Méthode naturelle de M. de Jussieu.

1. Bourgeon terminal, souterrain, composé, par enroulement, de la base engaînante des feuilles rudimentaires et écailleuses et de celles développées de la plante (oignon). Ce bourgeon, plus ou moins sphérique, est l'analogue de la fausse tige des *bananiers* et du chou colomniforme qui termine le tronc de certains *palmiers,* tels que les *areca :* *a,* vétitable tige, tronquée inférieurement comme celles de toutes les plantes *monocotylédones,* donnant naissance, d'une part, à des racines latérales et supplémentaires, et, de l'autre, aux feuilles alternes et en spirale de la partie aérienne.

Obs. Cette tige, extrêmement abrégée, n'en représente pas moins celle, très-élevée, d'un *palmier,* pour les personnes qui ne s'en laissent point imposer par les formes et les dimensions des organes ; qui, au lieu de pirouetter sans cesse sur le même point, et en multipliant les livres par les livres, étudient en eux-mêmes et comparativement les objets de la nature dans la nature même ; pour ces personnes, en un mot, qui, comme je l'ai déjà dit ailleurs, attachent une bien plus grande importance à la situation relative des organes, qu'à leurs modifications, et qui, sans effort, voient le nez de l'homme dans celui, simplement biperforé, des oiseaux et des reptiles d'une part, et, de l'autre, dans celui très-allongé de l'éléphant.

2. Coupe verticale de la précédente figure : *a,* tige ; *b,* racines suppléantes.

3. Pistil, tube ouvert du calice et des étamines : *a,* tube

du calice; *b*, phycostème soudé avec le tube du calice, plissé en son bord.

4. Portion d'une fleur vue à plan pour faire connaître la situation relative des trois stigmates avec celle des étamines et des divisions du calice *a*; *b*, phycostème.

5. Une étamine détachée.

6. Stigmates.

7. Fruit. Péricarpe inférieur, triloculaire; loges polyspermes.

8. Coupe horizontale du même.

9. Graine.

10. La même coupée verticalement, dans laquelle on voit que l'embryon est situé à la base de l'endosperme.

TABLEAU XLIV (*bis*).

Méthode naturelle de M. de Jussieu.

A. Partie inférieure de la plante : *a*, tubercule ancien; *b*, tubercule nouveau; *c*, première feuille rudimentaire, engaînante; *d*, seconde.

B. Partie supérieure et florifère.

Obs. En suivant les axes A et B, on voit qu'ils se composent d'un certain nombre d'articles ou mérithalles, distincts par la présence des nœuds-vitaux stériles ou fertiles, et que ces nœuds-vitaux sont tous bordés et protégés par une feuille qui, rudimentaire d'abord par faiblesse, *c* et *d*, redevient encore rudimentaire par épuisement dans celles qui accompagnent la base extérieure de chaque fleur. Dans l'aisselle de cette feuille rudimentaire, à laquelle on a donné le nom de bractée, ou plutôt du nœud-vital ou conceptacle qu'elle borde, naît un rameau-fleur qui porte deux autres bractées latérales, soudées en une spathelle bicarénée, embrassante, adossée à l'axe, entièrement analogue à celle que nous avons déjà distinguée dans les *graminées*.

1. Portion de la partie florifère : *a*, nœuds-vitaux; *b*, feuille rudimentaire (bractée) bordant et protégeant un nœud-vital; *c*, spathelle composée de la réunion de deux bractéoles latérales et soudées par celui de leur bord qui regarde l'axe, accompagnant un rameau-fleur non développé.

2. *Id.* Montrant une fleur entièrement développée, mais

de laquelle on a enlevé le calice pour faire connaître que la situation relative des trois étamines et des stigmates, à l'égard de la bractée unicarénée, extérieure, et de la spathelle bicarénée et adossée à l'axe, est absolument la même que celle des *graminées* : *a*, nœuds-vitaux.

3. Une étamine détachée.

4. Coupe horizontale d'une anthère : *a*, trophopollen; *b*, connectif.

5. Coupe horizontale d'un fruit, de la spathelle et de l'axe duquel il a pris naissance : *a*, l'axe; *b*, bractée; *c*, spathelle; *d*, péricarpe uniloculaire, paraissant triloculaire à cause de l'excessif rapprochement, vers le centre, des trois trophospermes pariétaux.

6. Fruit mûr : *a*, bractée; *c*, spathelle.

7. Fruit coupé en travers.

8. Graine isolée.

9. *Id.* Coupée verticalement, dans laquelle on distingue l'embryon situé à la base d'un endosperme.

TABLEAU XLV.

Méthode naturelle de M. de Jussieu.

Plante entière : *a*, tubercule ancien; *b*, tubercule nouveau; *c*, racines latérales.

1. Sommet d'un ovaire duquel on a enlevé les folioles du calice et le *phycostème*, afin d'isoler et de mettre à découvert le *gynostème* : *a*, partie de l'ovaire; *b*, point qu'occupait le phycostème; *c*, union, par soudure, du style avec le filet des étamines; *d*, anthère développée, biloculaire, contenant des utricules polliniques, agglutinés et formant deux masses sillonnées; *e*, boîte de l'anthère; *f*, masses polliniques; *g*, stigmate (*gynise*, Rich.); *h*, *rostellum*, Rich.

2. Portion supérieure de la précédente figure vue de face : *a*, point qu'occupait le phycostème; *b*, stigmate; *c*, *rostellum*; *d*, sommet de la boîte biloculaire de l'anthère; *e*, masses polliniques; *f*, étamines latérales et rudimentaires (*staminodes*, Rich.).

3. Masses polliniques, isolées de la boîte de l'anthère, dont une est coupée en travers.

4. Utricules polliniques désagglutinés d'une masse.

5. Fruit. Péricarpe inférieur, couronné par les organes de la fleur desséchés et persistans.

6. Le même coupé en travers pour faire voir qu'il est uniloculaire, polysperme, et que les innombrables graines qu'il contient naissent de trois trophospermes pariétaux.

7. Graine isolée et grossie, munie d'une tunique extérieure, vésiculeuse, réticulée et diaphane.

8. La même coupée verticalement, dans laquelle on voit la graine avec sa tunique intérieure et l'embryon situé à la base d'un endosperme.

TABLEAU XLVI.

Méthode naturelle de M. de Jussieu.

1. Coupe verticale d'une portion de fleur : *a*, ovaire inférieur au calice ; *b*, trophosperme central ; *c*, ovules ; *e*, étamines soudées autour et avec le style, sessiles ; *f*, stigmates ; *d*, base renflée du calice.

2. Anthère détachée, dont une des loges est entr'ouverte.

3. Stigmates isolés et vus en plan.

4. Fruit. Péricarpe capsulaire à six loges ; loges polyspermes ; graines unisériées.

5. *Id.* Coupé transversalement.

6. Graine isolée.

7. La même coupée verticalement pour faire connaître que l'embryon est situé à la base d'un endosperme, *a*.

Obs. L'ovaire inférieur et multiovulé des *aristolochiées*, la soudure de leurs étamines avec le style, leurs péricarpes capsulaires et leurs graines pourvues d'une tunique extérieure, ample et spongieuse, offrent des rapports avec les mêmes parties considérées dans les *orchidées*.

TABLEAU XLVII.

Méthode naturelle de M. de Jussieu.

1. Calice ouvert pour faire voir que les étamines, composées d'anthères sessiles, sont disposées, au sommet du tube, sur deux rangées, et que, comme organes appendiculaires, elles alternent entre elles dans le sens longitudinal.

2. Pistil.

3. Le même coupé verticalement et dans l'intérieur duquel on voit un seul ovule pendant.

4. Fruit.

5. *Id.* Dont on a enlevé une partie de l'épicarpe et du mésocarpe.

6. Un autre coupé horizontalement.

7. Embryon isolé.

TABLEAU XLVIII.

Méthode naturelle de M. de Jussieu.

1. Fleur mâle par avortement du pistil : *a*, feuille rudimentaire bordant et protégeant le nœud-vital qui a servi de conceptacle au bourgeon-fleur.

2. Fleur femelle par avortement des étamines, composée d'un pistil accompagné de cinq petites feuilles rudimentaires, inégales et alternes, faisant fonction de calice.

3. Étamine, figurée avant la déhiscence de l'anthère, détachée d'une fleur mâle.

4. Fruit. Péricarpe capsulaire, uniloculaire, monosperme, s'ouvrant transversalement, terminé par les trois styles persistans.

5. Graine (grosseur naturelle).

6. *Id.* Grossie.

7. *Id.* Coupée horizontalement : *a*, embryon ; *b*, endosperme.

8. *Id.* Coupée verticalement : *a*, tunique ; *b*, embryon ; *c*, endosperme.

TABLEAU XLVIII (*bis*).

Méthode naturelle de M. de Jussieu.

1. Portion d'axe portant une fleur : *a*, axe ; *b*, nœud-vital qui a servi de conceptacle au bourgeon-fleur ; *c*, feuille rudimentaire bordant et protégeant le nœud-vital.

2. Corolle ouverte pour faire voir l'insertion des quatre étamines.

3. Pistil.

4. Fruit. Péricarpe capsulaire, biloculaire ; loges polyspermes, s'ouvrant transversalement.

Obs. La feuille rudimentaire, à l'aisselle de laquelle est
né le fruit ; les quatre folioles inégales et alternes du calice ;
celles, en pareil nombre, de la corolle, entraînées au sommet
du péricarpe ; les filets des étamines et le style, persistent,
accompagnent et protégent le développement des embryons :
a, corolle et étamines marcescentes.

5. Péricarpe ouvert.

6. Graine.

7. *Id.* Coupée, dans laquelle on voit que l'embryon est
situé au centre d'un endosperme.

TABLEAU XLIX.

Méthode naturelle de M. de Jussieu.

1. Calice coupé pour faire voir le pistil : *a*, phycostème
en anneau, légèrement 5-lobé, entourant immédiatement
l'ovaire.

2. Corolle ouverte, à la base du tube de laquelle on distingue l'insertion des cinq étamines inégales.

3. Une étamine détachée et grossie, chargée, à la base
élargie du filet, d'un grand nombre de pores papilleux.

4. Fruit accompagné du calice persistant. Péricarpe capsulaire, biloculaire ; loges dispermes.

5. Le même dont on a enlevé circulairement une partie du
péricarpe, afin de mettre les quatre graines à découvert.

6. Fruit coupé transversalement : *a*, point par lequel la
graine communiquait avec la plante-mère.

7. Graine isolée.

8. La même grossie et vue du côté intérieur : *a*, hile et
omphalode ; *b*, micropyle.

9. La même coupée horizontalement pour faire voir
qu'entre les replis des feuilles cotylédonaires de l'embryon
se trouve une certaine quantité d'endosperme : *a*, hile et
omphalode ; *b*, micropyle.

10. Embryon isolé.

TABLEAU L.

Méthode naturelle de M. de Jussieu.

1. Fleur.

2. Corolle ouverte pour faire voir le pistil et l'insertion hypogynique des étamines, malgré la soudure des quatre pétales qui composent la corolle : *a*, phycostème glanduleux ; glandules alternant avec les étamines.

3. Une étamine vue du côté qui regarde le pistil : *a*, appendicules frangés terminant la base des lobes de l'anthère.

4. La même vue du côté opposé.

5. Pistil dégagé de sa corolle, accompagné de cette double rangée de feuilles rudimentaires, alternes, en spirales, et avec lesquelles on a fait, de la plus inférieure, un calicule, et, de la plus supérieure, un calice. On a laissé, autour de l'ovaire, une portion des huit filets des étamines, afin de faire connaître leur insertion hypogynique et leurs rapports de situation avec les lobes de l'ovaire, les glandules du phycostème et les feuilles rudimentaires dont on compose le calice et le calicule : *a*, phycostème.

6. Fruit coupé horizontalement. Péricarpe capsulaire, quadriloculaire ; loges polyspermes ; graines multisériées, émanant d'un trophosperme central.

7. Graines de grosseur naturelle.

8. L'une d'elles grossie.

9. *Id.* Coupée verticalement, dans laquelle on voit que l'embryon est situé à la base d'un endosperme.

TABLEAU LI.

Méthode naturelle de M. de Jussieu.

1. Cette figure offre l'équivalent de l'inflorescence des épis serrés du plantain à larges feuilles, ou lâches et distans du laurier-cerise, dans un état extrêmement déprimé. Un axe plus ou moins allongé, autour duquel sont situés, alternativement et en spirale, des nœuds-vitaux uniflores, bordés le plus souvent par une feuille protectrice et rudimentaire, par épuisement, forme, dans ces trois sortes d'épis, le

caractère essentiel : *a*, l'axe au-dessous de l'involucre ; *b*, lacune ou canal produit par la prompte désorganisation du tissu cellulaire auquel, dans d'autres cas où il persiste dans un état d'inertie, on a donné le nom de moelle, *c*, amas de feuilles rudimentaires (involucre) qui se pressent en cette partie terminale des tiges ; *d*, nœuds-vitaux uniflores (alvéoles), disposés alternativement et en spirale autour de la partie terminale et gonflée de la tige.

Obs. Il est important de bien observer qu'ici les nœuds-vitaux ne sont pas autrement disposés que tous ceux répandus le long des axes de tous les végétaux appendiculaires ; qu'ils alternent entre eux dans le sens longitudinal ; qu'ils donnent naissance à un rameau qui, dans la partie terminale et épuisée des axes, se développe sous cette apparence que l'on a nommée fleur, et qu'enfin ils sont bordés par une petite feuille rudimentaire qui, quelquefois, avorte entièrement, comme dans la figure dont il est ici question ; *e*, rameau-fleur femelle ; *f*, rameau-fleur hermaphrodite.

2. Une des feuilles rudimentaires détachée de l'involucre.

3. Fleur femelle par avortement des étamines, irrégulière, produite par les nœuds-vitaux les plus inférieurs de l'axe florifère *d* (fig. 1) : *a*, ovaire ; *b*, calice supérieur, à bord entier ; *c*, corolle composée de la réunion soudée de trois pétales, irrégulière par l'avortement de deux autres pétales semblables aux trois qui se développent.

4. Fleur hermaphrodite, régulière, produite par les nœuds-vitaux placés immédiatement au-dessus de ceux desquels émanent les fleurs femelles à corolle ligulée et rayonnante : *a*, ovaire inférieur ; *b*, calice à bord entier.

5. Coupe verticale de la précédente : *a*, ovaire ; *b*, calice ; *c*, corolle ; *d*, étamines à anthères soudées entre elles ; *e*, sommet libre de l'ovaire, qui n'a rien de commun avec les phycostèmes, et qui s'observe également au sommet de presque tous les péricarpes des *rubiacées*, dont le calice est soudé avec l'ovaire ; *f*, style et stigmates.

6. Péricarpe tri-ailé d'une fleur femelle du *chardinia xeranthemoïdes* (Desf., *Mém. du Mus. d'hist. nat.*).

7. Graine.

8. Embryon.

9. Fruit du *staehelina dubia*, Lin. : *a*, feuilles rudimentaires capillaires, accompagnant la base extérieure de cha-

que fleur, et bordant le nœud-vital d'où cette fleur est sortie;
b, péricarpe uniloculaire, monosperme; graine dressée;
c, calice supérieur ou soudé avec l'ovaire, fimbrillé.

TABLEAU LII.

Méthode naturelle de M. de Jussieu.

1. Système terrestre; racine : *a*, feuilles cotylédonaires
associées par couple, libres, épigées, bordant deux nœuds-
vitaux fertiles, qui donnent naissance à deux rameaux; *b* et
b', embryons-fixes plus ou moins développés.
2. Fleur : *a*, involucre.
3. Coupe verticale de la figure précédente.
4. Anthère isolée.
5. Fruit.
6. *Id.* Coupé dans sa longueur.
7. Embryon.
Obs. Il est assez rare que, dans les végétaux appendiculaires, les premiers nœuds-vitaux du système aérien, ceux
bordés par les feuilles cotylédonaires, soient fertiles, c'est-à-
dire qu'ils produisent des embryons-fixes, comme ceux que
l'on voit fig. 1 en *b* et *b'* : en général, comme je l'ai déjà dit
ailleurs, les nœuds-vitaux ou conceptacles des embryons-
fixes, situés aux deux extrémités du végétal, dont l'une est
faible et l'autre épuisée, restent stériles, et les feuilles protectrices qui les bordent sont peu développées ou entièrement avortées, comme cela arrive à l'embryon de la cuscute
réduit à l'axe, et dans un grand nombre d'inflorescences,
telles que les *crucifères*, une grande partie des *synanthérées*, etc., dans lesquelles les fleurs *solitaires* dont elles se
composent manquent à la base de cette feuille rudimentaire
(bractée) que l'on observe dans le plus grand nombre de cas.

Si on suit les diverses évolutions de la plante que l'on a
sous les yeux, on est porté à faire la remarque suivante;
savoir, que ses premières feuilles (cotylédons), simplement
associées par couple, et protégeant, chacune, un nœud-vital,
indiquent que celles verticillées de la partie intermédiaire
et vigoureuse de la plante, de l'aisselle desquelles ne se développent jamais que deux embryons-fixes ou rameaux iné-

gaux en longueur, ne représentent réellement que deux feuilles opposées et profondément lobées.

Cette remarque, applicable à toutes les *rubiacées* à feuilles verticillées, n'a point échappé aux recherches de M. Dupetit-Thouars.

TABLEAU LIII.

Méthode naturelle de M. de Jussieu.

1. Fleur à corolle irrégulière.
2. L'un des deux grands pétales extérieurs détaché.
3. Pistil. Ovaire inférieur, soudé avec le tube calice; divisions du calice inégales.
4. Fruit. Péricarpe biloculaire; loges monospermes.
5. Péricarpe se séparant, de bas en haut, en deux espèces de coques qui restent quelque temps fixées au sommet de l'axe.
6. Fruit dont on a enlevé une portion de sa partie supérieure pour faire connaître que la graine est renversée ou pendante, et que l'embryon, situé à la base d'un endosperme, a sa radicule tournée vers le point qui unit la graine au péricarpe.
7. Embryon.

TABLEAU LIV.

Méthode naturelle de M. de Jussieu.

1. Coupe verticale d'une fleur.
2. Pétale isolé : *a*, glandule écailleuse indiquant un commencement de cette forme corniculée que présentent les pétales des *trollius*, des *aquilegia*, etc.
3. Une étamine détachée.

Obs. Le filet laminé et muni d'une nervure médiane de presque toutes les étamines de la famille des *renonculacées*, annonce cette tendance qu'ont toutes ces fleurs à doubler.

4. Étamine vue par le dos.
5. Pistils situés alternativement et en spirale autour de la partie terminale de la tige.
6. Fruits agrégés. Agrégation coupée verticalement pour faire voir l'axe duquel chaque fruit émane.
7. Fruit isolé de l'agrégation. Péricarpe irrégulier, uni-

loculaire, monosperme; graine dressée; embryon situé à la base d'un endosperme : *a*, stigmate latéral, décurrent, persistant.

8. Coupe verticale de la figure précédente : *a*, péricarpe; *b*, tunique de la graine; *c*, endosperme; *d*, embryon.

9. Embryon isolé.

TABLEAU LV.

Méthode naturelle de M. de Jussieu.

1. Fleur dont on a enlevé la corolle : *a*, nœud-vital duquel est sorti un rameau-fleur; *b*, feuille rudimentaire et protectrice du nœud-vital ou conceptacle du rameau-fleur.

2. Corolle irrégulière, à pétales les uns libres, les autres soudés : *a*, étendard; *b*, ailes; *c*, carène composée des deux plus petits pétales soudés.

3. Pistil et étamines : *a*, étamines réunies et soudées par la partie inférieure de leurs filets, toujours dirigée du côté extérieur; *b*, étamine libre, située du côté de l'axe qui a donné naissance au rameau-fleur; *c*, ovaire libre ou supérieur, irrégulier par avortement d'une partie semblable à celle qui se développe; *d*, style; *e*, stigmate.

Obs. Je rappelle encore ici qu'il est important de bien faire attention à la situation relative de toutes les parties qui constituent cette fleur irrégulière et, par suite de développement, le fruit, dont le trophosperme, d'où naissent les embryons-tuniqués (graines), regarde constamment l'axe qui porte ce fruit.

4. Péricarpe légumineux, irrégulier, uniloculaire, polysperme, bivalve, dont on a enlevé la moitié supérieure de l'une des valves pour faire voir que les graines, attachées d'un seul côté, sont bisériées, et qu'elles alternent sans cesse d'une valve sur l'autre : *a*, étamines soudées, persistantes; *b*, péricarpe; *c*, graines.

5. Une graine isolée du péricarpe et de son podosperme : *a*, hile; *b*, omphalode; *c*, micropyle: *d*, chalaze.

6. Embryon dégagé de toutes ses enveloppes protectrices : *a*, radicule; système terrestre; *b*, ombilics propres, par lesquels le jeune être a communiqué avec sa mère.

Obs. Les vrilles qui terminent les feuilles de cette plante, leur disposition pennée avec une impaire, représentent des folioles épuisées et réduites à la nervure médiane, auxquelles il ne manque, en effet, pour ressembler aux feuilles pennées de quelques autres espèces du même genre, que de s'élargir, des deux côtés, en une lame.

TABLEAU LVI.

Méthode naturelle de M. de Jussieu.

1. Fleurs femelles agrégées en un chaton globuleux.
2. Fleurs mâles agrégées en un chaton allongé : *a*, place qu'occupait la feuille protectrice du nœud-vital d'où est sorti le chaton ; *b*, place de la stipule ou feuille latérale et supplémentaire.
3. Fleur mâle par avortement de l'axe pistillaire : *a*, feuille rudimentaire et protectrice du nœud-vital ou conceptacle du rameau-fleur.
4. Portion circulaire de l'axe d'un chaton femelle, sur laquelle on voit une fleur femelle dont on a enlevé longitudinalement la moitié du calice, accompagnée de sa feuille rudimentaire : *a*, axe ; *b*, feuille rudimentaire et protectrice du nœud-vital, qui a produit le rameau-fleur ; *c*, calice utriculaire ; *d*, pistil ; ovaire irrégulier, uniloculaire, uni-ovulé ; style latéral.
5. Fruits agrégés, pressés autour d'un axe déprimé, globuleux : *a*, empreinte de la feuille protectrice du nœud-vital qui a servi de conceptacle au chaton femelle ; *b*, celle de la stipule.
6. Fruit isolé de l'agrégation : *a*, calice utriculaire, persistant ; *b*, péricarpe ; *c*, endocarpe ?
7. Coupe verticale d'une partie de la précédente figure.
8. Graine de grosseur naturelle.
9. *Id.* Grossie.
10. *Id.* Coupée horizontalement.
11. *Id.* Verticalement.
12. Embryon dégagé de toutes ses enveloppes protectrices.

Obs. L'embryon, recourbé sur lui-même, entoure une petite portion d'endosperme.

TABLEAU LVI (*bis*).

Méthode naturelle de M. de Jussieu.

1. Pistil et étamines : *a*, filets des cinq étamines soudés entre eux et avec l'article ou mérithalle qui partage les feuilles du calice et de la corolle de celles, au nombre de trois, qui, par soudure, forment le pistil.

Obs. Cet article a reçu le nom de gynophore.

2. Coupe verticale de la figure précédente : *a*, article exhaussant le pistil au-dessus du calice, soudé avec le filet des étamines ; *b*, anthère ; *c*, connectif ; *d*, sommet libre du filet ; *e*, ovaire supérieur, stipité, uniloculaire, multiovulé ; *f*, styles divergens ; *g*, stigmates irréguliers, réniformes, papilleux.

3. Fruit. Péricarpe uniloculaire, polysperme, indéhiscent ; trophospermes pariétaux ; graines multisériées, pourvues d'un arille succulent et complet ; tunique propre de l'embryon, osseuse, ailée ; ailes creusées d'une gouttière dans l'une desquelles rampe un dernier article de la tige (raphé ou vasiducte), terminé par une graine rudimentaire (chalaze).

4. Coupe horizontale de la figure précédente.

5. Graine pourvue de son arille : *a*, arille dont on a déchiré une partie pour faire voir la graine.

6. Graine dépouillée de son arille et coupée dans sa longueur, afin de mettre à découvert l'embryon et l'endosperme qui l'entourent.

Observation omise à la suite de l'article ESCHINOMÉNÉ, page 149.

La feuille ovarienne, dont se compose, par soudure, le péricarpe articulé de certaines légumineuses, tel que celui de plusieurs espèces d'*æschynomene*, de *mimosa*, d'*hedysarum*, de *coronilla*, etc., est une feuille pennée : le pétiole commun de cette feuille, en se prolongeant au-delà de la dernière paire de folioles, devient le style, et se termine par

ce renflement insignifiant, auquel on a donné le nom de stigmate. Les folioles ou pennules, en se rapprochant sur celles
de leur face intérieure (supérieure des auteurs), en se soudant plus ou moins par leurs côtés latéraux, et ensuite, par
paires, vers leur sommet, constituent de cette manière les
articles transversaux et cette déhiscence particulière qui caractérisent ces sortes de péricarpes.

Chaque paire de folioles, ainsi soudée, forme un article
uniloculaire, et le sommet rentrant de l'une d'elles, ou plutôt sa nervure médiane, en s'allongeant, quelquefois dans le
sens horizontal de la loge, en un cordon que l'on a désigné
sous le nom d'ombilical, donne naissance à l'embryon et à la
feuille ovulaire qui protége et forme l'enveloppe immédiate
de ce dernier.

RÉSUMÉ

Des principales idées émises dans cette

ICONOGRAPHIE VÉGÉTALE.

———

1°. En compliquant les êtres vivans, la nature ne fait que surajouter, de l'intérieur à l'extérieur, des choses nouvelles à celles déjà créées.

Une seule cellule poreuse constitue l'être végétal le plus simple ; deux, trois, quatre, cinq de ces cellules, posées bout à bout en une série, le compliquent : plusieurs de ces séries, placées côte à côte, et dont les cellules qui les composent alternent sans cesse entre elles, forment le végétal simplement laminé.

Un certain nombre de ces lames, appliquées les unes sur les autres, offrent cette masse de tissu cellulaire qui fait la base organique des végétaux les plus compliqués.

Cette masse de tissu cellulaire, semblable à une cire molle, en se modelant, à l'extérieur, sous mille formes différentes, produit ces nombreux végétaux que l'on nomme champignons, algues de terre et de mer, et auxquels j'ai donné le nom d'*axifères*, parce qu'ils sont encore bornés aux axes.

Parmi ces végétaux *axifères* ou de première formation, les plus simples naissent immédiatement de la matière en dissolution, et les plus compliqués donnent naissance, dans l'intérieur de leur masse cellulaire, à des corps reproducteurs simples, nus ou tuniqués, épars ou agglomérés.

A ces végétaux succèdent ceux qui composent ma division des *appendiculaires* ; de l'axe qui compose l'organisation entière des axifères, s'échappent, par exfoliation du tube vivant des appendiculaires, des organes presque toujours laminés, rayonnans, identiques : tels sont les cotylédons, les écailles, les feuilles, les bractées, les calices, les corolles, les étamines. les phycostèmes, les feuilles ovariennes, l'arille et la feuille ovulaire. Des nœuds-vitaux ou conceptacles des embryons-fixes, accompagnés et protégés par les organes appendiculaires; deux autres moyens de reproduction, l'embryon-fixe et l'embryon-graine, et l'agrégation commune de plusieurs êtres par le moyen des bourgeons, forment les principaux caractères qui distinguent nettement les végétaux *appendiculaires* des végétaux *axifères*.

2°. Deux systèmes tubulaires, posés base à base, l'un terrestre et l'autre aérien, distincts par une ligne médiane horizontale, constituent le plus grand nombre des êtres végétaux. Ces deux systèmes, dans lesquels l'accroissement se fait en sens *inverse*, seraient parfaitement égaux et le végétal serait parfaitement symétrique, s'ils pouvaient, comme ceux des animaux, se développer librement dans le même milieu.

Du seul besoin qu'éprouve le végétal d'avoir l'un de ses systèmes fixé dans le sol, naît cette différence que l'on remarque dans la direction des lignes médianes, dont l'une, celle du végétal, est horizontale, et l'autre, celle de l'animal, est verticale.

Le système terrestre du végétal, considéré sur toute la chaîne, décroît et se réduit à rien à mesure que l'on descend des plus composés aux plus simples; il est toujours dépourvu d'organes appendiculaires : le défaut de lumière en est la seule cause. Des nœuds-vitaux, *toujours à ternes*, donnent naissance à des embryons-fixes (chevelu), et des embryons-latens, répandus dans tout le tissu cellulaire vivant, forment ce système appauvri qui représente, pour ainsi dire, en cet état, un végétal axifère.

Le système aérien plus favorisé, joint aux embryons-latens, aux nœuds-vitaux et aux embryons-fixes qui en émanent, le développement des embryons-graines et de ces organes appendiculaires qui ornent et vêtissent tout à la fois cette partie supérieure du végétal.

La couleur verte appartient à ce seul système.

En suivant l'axe aérien, on voit qu'il se divise en un grand nombre d'articles distincts par le plus ou le moins d'écartemens que produisent entre eux les nœuds-vitaux : ceux de ces articles qui séparent les cotylédons des feuilles primordiales, l'écaille d'une autre écaille dans le bourgeon, une bractée d'une bractée, celle-ci du calice, le calice de la corolle, la corolle de l'étamine, l'étamine de la feuille ovarienne, et enfin celle-ci de la feuille ovulaire, sont ordinairement très-courts ou nuls, les uns par faiblesse et les autres par épuisement du végét .

La plupart de ces articles ont été méconnus : celui qui sépare, dans certain cas, l'insertion des cotylédons du point de la ligne médiane, a reçu, sans nécessité, le nom de *tigelle*. On a nommé *gynophore* celui qui écarte quelquefois l'étamine de la feuille ovarienne; cordon ombilical, celui placé entre la feuille ovarienne et la feuille ovulaire; et enfin on a vu le raphé ou vasiducte et la chalaze dans un dernier effort de la végétation.

3°. Le nœud-vital est un organe qui appartient aux seuls végétaux compris dans ma seconde division, les *appendiculaires* : cet organe, qui sert de conceptacle aux embryons-fixes (bourgeons), et qui devient la source, par répétition, de ces nombreux êtres agrégés dont se compose la masse des systèmes terrestre et aérien d'un grand arbre, existe également sur les deux systèmes que nous venons de nommer, à l'exception que leur disposition sur les rameaux terrestres est constamment *alterne*; qu'ils y sont dépourvus d'organes appendiculaires, tandis que ceux des rameaux aériens, toujours ou presque toujours bordés et protégés par une feuille plus ou moins développée, sont tantôt alternes sur deux côtés, tantôt alternes en spirale, et tantôt opposés par couple ou opposés par verticille.

L'embryon-fixe, soit du système terrestre, soit du système aérien, est un être tout aussi distinct que l'embryon-graine; l'un et l'autre sont également destinés à la propagation de l'espèce, et l'un et l'autre sont une répétition successive de la mère commune qui leur donne naissance. Ces deux sortes d'embryons, que l'on doit considérer en qualité de frères, émanent directement de la plante-mère; mais l'un, l'embryon-fixe, en se développant, reste fixé sur le point qui l'a vu naître, tandis que l'autre, l'embryon-graine, destiné à s'en détacher, va au loin établir une nouvelle agrégation. Une ligne médiane horizontale, particulière à chacun de ces embryons, établit, mathématiquement, les deux systèmes d'organes qui les constituent. On sait déjà que j'ai nommé systèmes terrestre et aérien ceux des embryons-graines dont l'un puise sa nourriture dans le sol et l'autre dans l'atmosphère; mais je sens que, pour être entendu dans quelques détails où je vais entrer, ces dénominations doivent changer en parlant de ceux dont se composent les embryons-fixes destinés à développer leur agrégation sur la plante-mère, et à étendre l'un de leurs systèmes entre le tube cortical vivant et le bois. Ainsi, je nommerai dans ces êtres, soit qu'ils appartiennent aux rameaux terrestres ou aux rameaux aériens de l'agrégation commune, celui, de leurs systèmes, qui se développe en dehors, le système *extérieur*, et celui qui s'allonge entre l'écorce et le bois, le système *intérieur*.

Accroissement en diamètre des végétaux appendiculaires et agrégés par le moyen du prolongement, en sens inverse, *du système intérieur et fibreux des embryons-fixes des rameaux terrestres et aériens.*

De cette première connaissance que les végétaux, pour la plupart, se composent de deux systèmes d'organes pour ainsi dire accolés base à base ; systèmes qui, comme on le sait déjà, seraient parfaitement égaux, s'il entrait dans la nature de l'être végétal de pouvoir les développer dans le même milieu, en découle une autre presque aussi importante : c'est celle relative à l'accroissement en diamètre des végétaux. Pour peu que l'on jette un coup d'œil général sur tout le Tableau du règne végétal, on est de suite saisi de cette vérité : Que plus l'agrégation commune d'un arbre se compose d'un plus grand nombre d'embryons-fixes développés en rameaux, plus le diamètre de son tronc principal et des branches qui en émanent est considérable ; qu'en supprimant, à mesure qu'ils paraissent, les embryons-fixes situés à l'aisselle des feuilles, on obtient un individu grêle, qui s'allonge d'autant plus, qu'il ne grossit point ; et qu'enfin les végétaux monocotylédons, bien moins agrégés (rameux) que les dicotylédons, augmentent peu ou point en diamètre.

Il résulte de cette observation générale, sur laquelle je suis obligé de passer rapidement dans cet ouvrage, mais que je développerai sous peu à l'aide d'un grand nombre de figures et d'observations particulières, faites pendant mon séjour à Saint-Domingue, que l'accroissement en dia-mètre des végétaux agrégés, soit de leur système terrestre, soit de leur système aérien, a lieu par le moyen de l'allongement en *sens inverse* du système intérieur des embryons-fixes, à mesure qu'ils développent l'autre de leur système à l'extérieur.

L'objet le plus important de cette nouvelle théorie, et celui qu'il ne faut pas perdre un instant de vue, est qu'un végétal appendiculaire n'est point un être simple ou même une agrégation d'êtres simples ; que ses racines ne sont point comparables aux membres inférieurs de l'homme, et ses rameaux aériens à la tête et aux membres antérieurs ; mais que, comme l'homme et tant d'autres animaux, le végétal se compose de deux systèmes d'organes ; systèmes inaperçus jusqu'à ce jour, probablement à cause de leur situation différente de ceux des animaux, et de cette grande inégalité qu'ils offrent dans leur développement.

En admettant. 1°. l'existence bien réelle des deux systèmes qui, par leur réunion, constituent l'être végétal ; 2°. que ces embryons-fixes qui forment, par répétition, ces systèmes, croissent et rayonnent en sens *inverse* et en s'éloignant de la ligne médiane, il résultera encore, de cette nouvelle observation, que le système intérieur des embryons-fixes des branches d'une part, et le système intérieur des embryons-fixes des racines de l'autre, en s'allongeant en *sens contraire* de celui qui se développe au dehors, le système intérieur de l'embryon-fixe d'une racine s'élèvera, entre le bois et l'écorce, vers la ligne médiane, tandis que le même système de l'embryon-fixe d'une branche se dirigera en descendant sur ce même point.

Je n'ai pas besoin de dire que l'allongement des systèmes extérieur et intérieur a lieu aux mêmes époques; mais ce qu'il est important de bien faire sentir, c'est l'extrême différence que présentent ces deux systèmes dans les embryons-fixes. L'intérieur privé de lumière, forcé de s'étendre entre le bois et l'écorce qui le pressent de toute part, s'étiole en longues fibres nombreuses et très-déliées. Ces fibres, en se rencontrant souvent dans leur marche, se croisent, s'entre-greffent, et produisent, de cette sorte, ces couches concentriques et additionnelles qui se renouvellent chaque année et qui augmentent le diamètre des végétaux agrégés.

On a vu que le travail intérieur de ces couches concentriques, qui augmente le diamètre des systèmes terrestre et aérien du végétal appendiculaire, se fait en *sens inverse*; que chacun de ces systèmes, pour ainsi dire indépendant l'un de l'autre, produit le sien par les mêmes moyens; que la rencontre des deux couches, vers le point commun de la ligne médiane, est le seul obstacle qui les empêche de s'étendre beaucoup au-delà de ce point; mais que pourtant il est assez probable qu'arrivées là elles s'y croisent plus ou moins et occasionent, en cette partie, le diamètre le plus considérable du végétal.

Le besoin d'assurer mon indépendance m'a fait ajourner, depuis mon retour de Saint-Domingue, la publication de cette nouvelle théorie, dans une partie de laquelle j'ai été devancé par M. Dupetit-Thouars.

Je dis dans une partie seulement, parce que l'excellent observateur que je viens de citer, en n'admettant qu'un seul système dans le végétal, et en ne considérant la partie terrestre que comme une simple continuité de celle de l'air, au lieu de voir, dans chacune de ces parties, un système bien distinct, et dans lequel le travail de l'accroissement, soit en longueur, soit en diamètre, se fait en *sens inverse* et d'une manière tout à fait indépendante, il en résulte que sa théorie, très-fondée en elle-même, mais établie sur de mauvaises bases, par faute de la connaissance organique des deux systèmes dont nous venons de parler, chancela dès ses premiers pas, trouva dans chaque homme un contradicteur et des objections que, bien certainement, l'auteur ne pouvait lever.

Cette théorie est plus simple que la mienne; mais elle a le défaut de ne pouvoir se soutenir qu'en partie. Selon son auteur, les fibres radicales du système inférieur [1] des embryons-fixes des branches aériennes, *seulement*, en descendant entre l'écorce et le bois, depuis le point axillaire où ces embryons naissent jusqu'aux extrémités des racines, s'anastomosent en chemin, et forment, à elles seules et par continuité, cette couche concentrique qui augmente le diamètre des systèmes terrestre et aérien du végétal.

Rien n'était plus aisé, en effet, que d'opposer à cette théorie un grand nombre d'objections toutes plus insurmontables les unes que les autres.

L'une de ces objections était conçue ainsi : *S'il est vrai que ce soit par le prolongement, entre l'écorce et le bois, des fibres radicales qui s'échappent de la partie inférieure des bourgeons ou embryons-fixes, à mesure que ces embryons prennent de l'accroissement dans l'atmosphère, que se forment les couches concentriques et additionnelles qui augmentent le diamètre du tronc et des branches aériennes et terrestres, comment, dans le cas où l'on associe deux individus d'espèces différentes par le moyen de la greffe en fente, et qu'en grossissant l'un et l'autre, la fibre du supé-*

---

[1] On doit se rappeler que j'ai nommé ce système, qui s'étend entre le bois et l'écorce, *système intérieur.*

rieur, souvent d'une couleur rouge par opposition à celle de l'inférieur qui peut être blanche, en ne se prolongeant jamais au-delà du point de la greffe, peut-elle contribuer à l'augmentation en diamètre de l'individu placé au-dessous?

Par la théorie incomplette de M. Dupetit-Thouars, cette objection était insurmontable : elle devait l'arrêter, et empêcher que cette belle observation, sur l'augmentation en diamètre des végétaux, ne fût admise. Par la mienne, contre laquelle on apportera peut-être d'autres objections, on doit déjà pressentir que j'aurais répondu : Puisque le travail des accroissemens, soit en longueur, soit en diamètre, se faisait en *sens inverse* et d'une manière tout à fait indépendante dans les systèmes terrestre et aérien qui constituent le végétal agrégé, qu'il était tout naturel que des individus ainsi accolés n'eussent entre eux de commun que la sève, et que les fibres radicales des embryons-fixes et terrestres de l'individu inférieur, et celles des embryons-fixes et aériens de l'individu supérieur, tout en augmentant, par leur prolongement entre l'écorce et le bois, le diamètre seulement de l'être dont chacun de ces embryons faisait partie, s'arrêtassent juste au point de la greffe qui devenait, pour elles, un obstacle insurmontable.

C'est encore par cette nouvelle théorie, née, comme on l'a vu, de la connaissance de l'existence de deux systèmes distincts dans le végétal, que l'on explique comment il se fait que deux individus d'inégales forces, continuent, quoique greffés, de conserver le diamètre naturel à l'espèce à laquelle chacun d'eux appartient, comme cela s'observe dans le marronnier, toujours plus gros que le *pavia*, avec lequel, par le moyen de la greffe, on l'associe quelquefois.

4°. Le végétal appendiculaire agrégé possède trois moyens de reproduction très-distincts, les embryons-latens répandus dans toutes les parties du tissu cellulaire vivant, les embryons-fixes situés en des points déterminés, et les embryons-graines toujours terminaux.

Les embryons-latens, le seul moyen de reproduction des végétaux axifères, ne se développent jamais naturellement au dehors : ils exigent, dans leur voisinage, la désorganisation du tissu dans lequel ils sont confusément répandus.

Les embryons-fixes prennent naissance dans les nœuds-vitaux qui leur servent de conceptacles ; ils se développent naturellement, sont destinés à rester fixés sur la plante-mère, et à former, par répétition, cette agrégation d'êtres qui constituent la masse terrestre et aérienne des grands végétaux.

Les embryons-latens et les embryons-fixes produisent, dans leur développement, les modifications suivantes, le scion de continuité, le scion roselé, le scion-fleur, le scion avorté (épine) et le scion bulbifère.

Les embryons-graines naissent immédiatement de la partie terminale de la mère ; destinés à s'en isoler et à aller plus loin établir une agrégation nouvelle, ils s'en détachent promptement, et vivent pour lors du fluide qui remplit le sac ovulaire qui leur sert de conceptacle.

Ces trois sortes de corps reproducteurs peuvent également se passer du secours de la fécondation.

5°. Point d'organes sexuels, conséquemment point de fécondation dans les végétaux. L'embryon-graine n'a point besoin de ce secours pour se développer. Le pistil, dans lequel on s'est imaginé voir l'organe femelle, est un bourgeon entièrement analogue à celui qui se développe à l'aisselle des feuilles : une ou plusieurs feuilles soudées composent le pistil ; la partie laminée de cette feuille, en se soudant de toute part, forme l'ovaire ; sa nervure médiane, lorsqu'elle se prolonge au-delà de la lame,

est le style, et le sommet de cette nervure est le stigmate. A l'intérieur
de cette feuille ovarienne, se développe une dernière feuille : elle constitue le sac ovulaire, contient un fluide qui sert de nourriture à l'embryon, et enveloppe ce dernier jusqu'au moment de la germination.

L'étamine est un pistil rudimentaire, latéral, stérile par épuisement ;
le filet est l'analogue de cette partie qui supporte quelquefois les ovaires
terminaux, le gynophore ; l'anthère est un véritable ovaire assez souvent
terminé par un prolongement analogue au style et au stigmate [1] ; les utricules polliniques sont des ovules stériles par avortement des embryons, et
le fluide qu'ils contiennent est le même que celui qui remplit l'ovule des
ovaires terminaux.

Une feuille simple roulée sur sa face intérieure, ayant ses bords soudés
de toute part, et plus ou moins rentrant à l'intérieur, forme l'ovaire : sa
nervure médiane, le style et le stigmate.

Plusieurs de ces feuilles simples, ainsi soudées, constituent les péricarpes composés.

Les péricarpes articulés de plusieurs légumineuses sont le produit d'une
feuille pennée dont chaque paire de pennules ou folioles, en se soudant
plus ou moins entre elles, forment les articles uniloculaires et transversaux de ces sortes de péricarpes.

Cette observation sur la formation du péricarpe explique le sillon des
fruits à noyau.

6°. Concevoir deux chemins différens pour le mouvement de la sève
dans l'intérieur du végétal ; admettre qu'elle monte, de l'extrémité des
racines jusqu'à celle des rameaux aériens, par le centre du bois, et qu'elle
descend par l'écorce, me semblent être encore un reste de ces vieilles doc-
trines qui tendaient à nous faire croire que le tissu simple et intérieur qui
forme la masse homogène de toutes les parties du végétal, se composait
de valvules, de veines, d'artères, de muscles, de nerfs, etc.

La sève ne se porte que là où elle est appelée : le besoin qu'en éprouvent tour à tour les systèmes terrestre et aérien établit seul son mouvement, soit ascendant, soit descendant. Ces deux sortes de mouvement
ayant toujours lieu dans l'épaisseur du tube vivant des deux systèmes du
végétal, ne peuvent avoir lieu au même instant : ils sont comparables à
ceux du fluide contenu dans le tube d'un baromètre ; c'est-à-dire que la
sève, parcourant un seul chemin, ne peut monter quand elle descend et
descendre quand elle monte.

L'union et en même temps cette sorte d'indépendance dans laquelle
vivent et croissent les systèmes terrestre et aérien d'un grand arbre ; les
secours de sève qu'ils s'envoient réciproquement, dans le cas de disette
d'une part, et d'abondance de l'autre, me représentent, jusqu'à un certain
point, deux populations voisines qui, dans des cas semblables, s'assistent
mutuellement.

Je finis par dire, comme Labruyère : Si, après avoir médité avec attention cette Iconographie végétale, on n'en goûte point les idées, je m'en
étonne, et si on les goûte, je m'en étonne encore.

<hr>

[1] Ces deux parties sont tellement caractérisées au-dessus de la boîte
anthérifère de plusieurs espèces de *mimosa*, observées par M. Knuth dans
l'immense collection de M. de Humbold, que l'on croit voir l'ovaire, le
style et le stigmate en tête d'une *primulacée*.

ERRATA:

Page 16, ligne 6, *l'analogie*; lisez : *l'analogue.*
Page 20, ligne 3, *ophioglossum vulgare*; lisez : *ophioglossum vulgatum.*
Page 53, ligne 36, *primulacées*; lisez : *primulacées.*
Page 56, ligne 10, *azolea*; lisez : *azalea.*
Page 56, ligne 11, *pœonia montan*; lisez : *pœonia moutan.*
Page 58, ligne 25, *laminée, réduite à la nervure médiane ou accompa-gnant*; lisez : *laminée ou réduite à la nervure médiane, accompagnant.*
Page 89, ligne 37, *valentia articulé (valentia articulata)*; lisez : *valantia articulé (valantia articulata).*
Page 96, ligne 37, *triphasia aurantia*; lisez : *triphasia aurantiola.*
Page 152, ligne 5, *sarcocarpe et de mésocarpe*; lisez : *sarcocarpe ou de mésocarpe.*

AVIS AU RELIEUR.

Les tomes premier et deuxième peuvent être reliés ensemble ou séparément.

Le troisième, intitulé : ESSAI D'UNE ICONOGRAPHIE ÉLÉMENTAIRE ET PHILOSOPHIQUE DES VÉGÉTAUX, forme un volume à part, à la suite duquel les planches doivent être reliées dans l'ordre suivant : 1°. le tableau du *Règne organique;* 2°. celui de l'*Organographie végétale :* tous les autres, à partir du tableau premier (*Organes élémentaires*) jusqu'à celui LVI (*Papyrier du Japon*), se rangeront d'après leur numéro, en ayant soin, toutefois, d'intercaller à leur place les tableaux II (*bis*), IV (*bis*), suite du IV (*bis*), XXXVI (*bis*), XLIII (*bis*), XLIV (*bis*), XLVIII (*bis*) et LVI (*bis*).